JN104819

74シリーズでロジック回路を現代風に学ぶ

CPLDで
ディジタル電子工作

後閑 哲也 著

CQ出版社

はじめに

　日ごろ指導している学生の中の一人が，研究作業で大きなブレッド・ボードにTTLロジックを挿し，山のようなジャンパ線を使ってロジック回路を組んでいました．このままではまともな研究にはならないなと思い，FPGA化を考えました．

　しかし，いきなりFPGAでは学生には荷が重く，より簡単に使えるCPLDを使うことにしました．

　アマチュアでもはんだ付けができるCPLDを探したところ，Intel社のMAX-Vという手ごろで安価なCPLDが見つかりました．さらに同社のCPLD開発ツール「Quartus Ⅱ」には，TTLロジックそのものが部品として用意されていて，TTLで回路を描画すればそのままコンパイルでき，CPLDに組み込めることもわかったのです．

　実際に使ってみると，パソコン上で組んだTTLロジック回路をCPLDに書き込めば，かなり複雑な回路でも容易に実現でき，しかも修正もパソコン上で済むという，とても便利な仕組みであることが分かりました．筆者は若いころにロジック回路で苦労した経験があり，このころにこれがあったら余計な苦労はなかったのにとつくづく思いました．

　こんな便利なツールは多くの方々に紹介すべきだという思いで，本書を執筆することにしました．現在はメーカでもマイコン全盛とはいえ，まだロジック回路を使うことはあると思います．

　本書がこのような方々の一助になれば幸いです．

後閑 哲也

CPLDでディジタル電子工作
目　次

本書は,『トランジスタ技術』2019年12月号特集記事に加筆・修正・再編集したものです.

第1話 It's full-digital world 「イッツ・フルディジタル・ワールド」の巻

7

第2話 「ディジタル回路の素 "74シリーズ"から始めよう」の巻

昔は,74シリーズっちゅう単機能な汎用ロジックICをたくさん並べて,いろんな物作ったもんやで

そんな時代があったんですか?

74シリーズには,NOTゲートやカウンタ,インターフェースなど,何百種類っちゅう基本ロジックICがラインナップされてたんや

汎用ロジック規格表
CQ出版社

7400　7408
7402　7432

74ってもしかしてコレのことですか?

え?

インテルのFPGA開発環境"Quartus Prime"の中にエディタがついていた気がします

ホラね

FPGA

USB接続

ほんなら,俺もFPGAデビューできるっちゅうことか?

あの大量のはんだ付けや配線のラッピング作業はもうせんでええんや……

大変だったんですね…

ほんま殺人的やったんや…

1週間後

ディジタル・マルチメータ

周波数カウンタ

ディジタル・シンセサイザ

フルディジタル時計

これは楽やで!面白すぎや

電子工作のアドレナリンが出てまうがな

第3話 「マイコンも自分で作る時代」の巻

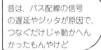

昔は，バス配線の信号の遅延やジッタが原因で．つなぐだけじゃ動かへんかったもんやけど

クロック信号が全部のフリップフロップに同時に入らなくて，データが正しくラッチできなかったり…

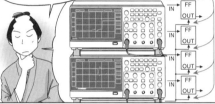

HDLもシミュレーションもバッチリなのに，FPGAの中に回路を構成すると動かないことがよくある理由はまさかコレ!?

私を弟子にしてくださいっ!何なら家来でも…

次の日

こんな感じっすか？師匠

まだまだやなっ

3日後

1週間後

とりゃあああーっ!!

ハイパフォーマンス！高セキュリティ

5G無線チップ

AIチップ

RISC-V マイコン

測定器（ロジアナ）

8Kビデオ・チップ

部長におなり

9

ロジック回路製作の素「74シリーズ」の使い方

　本書では汎用ロジックである74シリーズのICを扱います[*1]. 回路図記号と真理値表で動作を調べながら, 74シリーズを使ってロジック回路を設計製作していきます. 最初に, 74シリーズの基本的な使い方をおさらいしておきましょう.

● 74シリーズとは

　TTL(Transistor-Transistor Logic)は, 汎用ロジックIC(またはTTLロジック)と呼ばれ, 単一の電源電圧で入出力インターフェースを統一した製品群として開発されたものです. 米テキサス・インスツルメンツ社が開発したTTLの7400シリーズ(写真1)が標準になっています.

　当初はICの集積度をあまり高くできなかったため, SSI(Small Scale Integrated)と呼ばれるANDやNANDなどのゲートが中心

写真1　汎用ロジックICは米テキサス・インスツルメンツ社が開発したTTLの7400シリーズが標準になっている

[*1]　実際の部品ではなく開発環境のライブラリ

のシリーズでした．その後，やや集積度が高くなって，カウンタ
やシフト・レジスタ，ラッチなどのMSI（Middle Scale Integrated）
と呼ばれるシリーズが追加されました．

　さらにその後，LSI（Large Scale Integrated）と呼ばれる非常に
高集積の高機能ICが開発されていますが，TTLロジックと呼ぶ
場合にはMSIまでのことを指すのが一般的です．

　7400シリーズとして用意されている種類は，大まかに分類する
と，次の9種類に分かれます．

▶バッファ/インバータ

　バッファは出力能力を強化する機能を持ち，インバータは信号
を反転させる機能を持ちます．

製品例：7404，7414，74125，74240など

▶ NAND/ANDゲート，NOR/ORゲート，EXORゲート

　論理的なANDやORを行う機能を持ち，複数の信号の論理処
理が行えます．

製品例：7400，7402，7408，7411，7430，74136など．

▶フリップフロップ/ラッチ

　クロック信号の制御で入力信号の状態を保持し続ける機能を持
ちます．クロックのH/Lのレベルで制御するものと，立ち上がり
/立ち下りのエッジで制御するものとがあります．

製品例：7474，74109，74273，74373など．

▶エンコーダ/デコーダ

　8ラインを3ビット・バイナリにエンコードしたり，逆に3ビッ
トを8ラインにデコードしたりする機能を持っています．

製品例：74147，74138，74154など．

▶ 7セグメント・デコーダ

　BCDを7セグメントにデコードする機能を持っています．

　製品例：7448，74248，74247など．

▶データ・セレクタ（マルチ・プレクサ）

　複数ラインから1つを選択して出力する機能を持っています．

製品例：74151，74251，74258など．

▶カウンタ

　複数のフリップフロップを内蔵して，数値をカウントする機能を持っています．クロック信号ですべての内部フリップフロップが動作する同期式と，将棋倒しで動作させる非同期式があります．また，10進カウンタと2進カウンタがあります．

製品例：7490，74160，74161，74169，74190，74191など．

▶レジスタ

　シフト・レジスタが基本で，パラレル入力やシリアル入力などの種類があります．

製品例：7491，74173，74273，74396など．

▶演算器

　加算や比較，乗算などの演算を行う機能を持っています．

製品例：7485，74283，74381など．

● 回路図記号と真理値表

　74シリーズのデータシートには，回路図記号と真理値表が記述されています．ICの機能は，この2つのデータでほとんど理解できるようになっています．さらに，タイミングなどの詳細を記述したタイム・チャートの記述もあります．

表1　NAND（7400）の
真理値表

入　　力		出力
A	B	Y
H	H	L
L	X	H
X	L	H

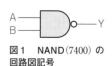

図1　NAND（7400）の
回路図記号

▶ NAND（7400）

　回路図記号を**図1**に，真理値表を**表1**に示します．真理値表によれば，A，B両方の入力がHレベルの場合には出力YはLレベルになり，いずれかの入力がLレベルの場合には出力はHレベルになることを表しています．

▶ Dフリップフロップ（7474）

　回路図記号を**図2**に，真理値表を**表2**に示します．$\overline{\text{PRE}}$または$\overline{\text{CLR}}$ピンがLレベルのときは，他の入力にかかわらず無条件で出力をセットまたはリセットする機能があります．

　このように，Lのときに機能する場合を負論理と呼び，回路図記号の信号入力端子には○を付加します．反対にHで機能する場合は正論理と呼びます．

　$\overline{\text{PRE}}$，$\overline{\text{CLR}}$ともHのときに，CLK信号の立ち上がりエッジ（表内の「↑」がこれを表す）でD入力を取り込んで出力します．CLK

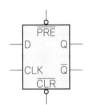

図2　Dフリップフロップ
（7474）の回路図記号

表2　Dフリップフロップ（7474）の真理値表

動作	入　力				出　力	
	$\overline{\text{PRE}}$	$\overline{\text{CLR}}$	D	CLK	Q	$\overline{\text{Q}}$
セット	L	H	X	X	H	L
リセット（クリア）	H	L	X	X	L	H
不定	L	L	X	X	H	H
1をセット	H	H	H	↑	H	L
0をセット	H	H	L	↑	L	H
変化なし	H	H	X	L	Q	$\overline{\text{Q}}$

13

がLの間は，出力の変化はありません．

このクロック信号と呼ばれる信号の，LからHへ変化するとき
に動作することを立ち上がりエッジ動作と呼び，HからLに変化
するときに動作することを立ち下がりエッジ動作と呼びます．

このエッジでのみ動作し，LやHで一定の場合には変化しない
動作が，TTLロジック回路では非常に重要な役割を果たします．
信号が変化するタイミングでのみ動作するので，全体のタイミン
グの設計がやりやすくなっています．

逆に，変化する時間の間隔が短く，ICの動作遅れの時間と競合
する場合には，誤動作を引き起こすことがあります．このような
状態をハザードと呼びます．ICの動作時間の遅れを意識して，タ
イミングに余裕を持たせた設計が必要です．

▶バイナリ・カウンタ（74393）

回路図記号を図3に示します．表3に示すのは動作モードの真
理値表です．CLRがHレベルのとき無条件で出力をすべてLレベ
ルにします．CLRがLレベルのときは$\overline{CK}$の立ち下がりでカウン
ト・アップします．表4に示すのは，カウンタ動作の真理値表で

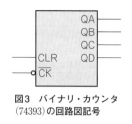

図3 バイナリ・カウンタ
（74393）の回路図記号

表3 バイナリ・カウンタ（74393）の動作モードの真理値表

動作	入 力		出 力			
	CLR	$\overline{CK}$	QD	QC	QB	QA
リセット	H	X	L	L	L	L
カウント	L	↓	カウント・アップ			
無変化	L	↑	変化なし			

14

**表4 バイナリ・カウンタ(74393)の
カウンタ動作の真理値表**

カウント	出 力			
	QD	QC	QB	QA
0	L	L	L	L
1	L	L	L	H
2	L	L	H	L
3	L	L	H	H
4	L	H	L	L
5	L	H	L	H
6	L	H	H	L
7	L	H	H	H
8	H	L	L	L
9	H	L	L	H
10	H	L	H	L
11	H	L	H	H
12	H	H	L	L
13	H	H	L	H
14	H	H	H	L
15	H	H	H	H

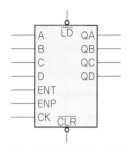

**図4 プリセッタブル・バイ
ナリ・カウンタ(74161A)の
回路図記号**

表5 プリセッタブル・バイナリ・カウンタ(74161A)の動作モードの真理値表

動作	入 力					出 力			
	$\overline{CLR}$	$\overline{LD}$	ENP	ENT	CK	QD	QC	QB	QA
リセット	L	X	X	X	X	L	L	L	L
プリセット	H	L	X	X	↑	D	C	B	A
無変化	H	H	X	L	↑	変化なし			
無変化	H	H	L	X	↑	変化なし			
カウント	H	H	H	H	↑	カウント・アップ			
無変化	H	X	X	X	↓	変化なし			

す.カウントが最大値まで進むと,次のクロックで最初に戻って
0から再カウントをします.

▶高機能なプリセッタブル・バイナリ・カウンタ(74161A)

　回路図記号を**図4**に示します.**表5**に示すのは動作モードの真

理値表です.

$\overline{\text{CLR}}$は，無条件でリセットして出力をすべてLレベルにします．LDがLレベルの場合には，CKの立ち上がりエッジでABCDを取り込んで出力にセットします．ENPとENTはイネーブル信号で両方がHレベルで，さらに$\overline{\text{CLR}}$とLDがHレベルのときCKの立ち上がりエッジでカウントアップします．

ENPとENTのいずれかがLレベルのときは，変化なしです．CKの立ち下がりエッジでも何も動作しません．

第1章　　　　安価で開発ツールも使いやすい

アマチュア向けプログラマブル・ワンチップ・ロジックCPLDで始めるフルディジタル電子工作

　本書では，ロジック電子回路ブロック「CPLD(Complex Plogrammable Logic Device)」を使って電子工作をします．CPLDを使うと，数十個のTTLロジック・ベースのロジック回路が，1つのチップの中で構成できるのです．CPLDは開発ツールが使いやすく，回路図入力だけで製作できます．機能を実行する回路を，パソコン上で自在に作れます．

　電子工作の定番となっているPICなどのマイコンですが，マイコンでは内蔵している周辺モジュールと呼ばれる決まった機能モジュールしか使えませんが，CPLDでは必要な機能を持った新たなモジュールを自由に構成できます．複数の機能を同時に実行したい場合，マイコンでは正確なタイミングを得にくいですが，CPLDを使うと同時並列で実行可能です．

　大規模化したFPGAはとてもアマチュアに扱えるものではありません．小規模なFPGAなら使いこなせるかもしれませんが，外付けのROMメモリが必須であったり，電源をOFFにすると設定が消えたりといったわずらわしさがあります．

　FPGAよりも小規模で使いやすく，マイコンではできなかったことが実現できる，アマチュア向きなデバイスCPLDを取り上げます．

● おすすめの理由

▶理由1 フルディジタル電子工作にピッタリのミニマムFPGA

ロジック回路とは，**図1**のような古くから使われているロジックICと呼ばれる AND/OR やフリップフロップなどのディジタル論理素子を使って構成する回路のことです．ロジック回路は現在でもメーカ製品で広く使われています．

昔から使われている TTL（Transistor-Transistor Logic）と呼ばれるロジックIC でディジタル回路を製作すると，**写真1**のように多数の IC が必要です．1枚の基板では収まらず複数の基板にしてバック・ボードで接続するという大規模になるケースもあります．必然的に配線も多くなり，回路の修正は大変な作業になります．アマチュアがロジック回路を電子工作で使ってみるには，結構な本気モードで取り組む必要があります．

しかし，本書で解説するロジック電子回路ブロック CPLD を最

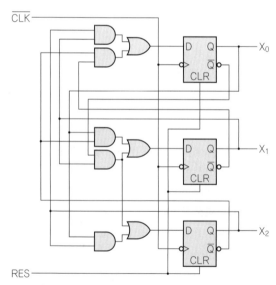

図1 ディジタル・ロジック回路の例

写真1　TTLと呼ばれるロジックICで製作したディジタル回路
多くのICと多くの配線が必要になる
出典　O-Family, http://www.ne.jp/asahi/shared/o-family/index.htm

新の開発ツールで使うと，これらの数十個のTTLベースのロジック回路をすべて1個のCPLDの中に構成できます．しかも修正作業もパソコン上で回路変更するだけです．これなら，アマチュアでもちょっと使ってみようという気にさせられます．

▶理由2　回路図入力で作れる

　CPLDを選択した最大の理由は，開発ツールの使いやすさです．最近の開発ツールの進歩は顕著で，使う前に学習しておくべきことは少なくなりました．特に回路図だけで構成できるようになっているものがあって，特別な言語を学習する必要もありません．

　カウンタやラッチ，シフト・レジスタなどのTTLレベルの部品要素があらかじめ用意されていて，部品を回路図エディタ上に配置して接続すれば，そのまま動作する回路としてCPLD内に構成できてしまいます．

　これなら，気合いを入れて回路を製作するというわずらわしさが全くありません．パソコン上で回路図を組めばそのまま動き，

19

修正も自由自在です.

AND/OR, フリップフロップなどのロジック回路の基礎さえあれば, CPLDは容易に使いこなせます.

▶理由3 電源ONで即動作する

小規模FPGAなら, 個人でも使いこなすことは可能だと思われますが, SRAM構造であるため外付けのROMメモリが必須です. FPGAでは電源をOFFすると設定が消えるため, 電源を入れるたびに毎回外部のデータ・チップから内容を読み込んで設定する必要があります.

一方, CPLDでは電源をOFFにしても設定は消えないため, 電源ONですぐに回路が動作します.

▶理由4 ロジック回路は数十nsecで高速動作が可能

$1\mu sec$ 以下の動作は, マイコンにとって大きな負荷です. 他の作業に能力を割く余裕がありません. しかし, ロジック回路は数十nsecでの動作も可能なので, $1\mu sec$ 以下の動作にも十分対応ができます.

▶理由5 正確なタイミングで複数の機能を同時に実行できる

高速で異なる機能を同時に処理したい場合, ロジックは完全に並列に実行できます. すべての回路が同時に動作できるため, 多くの複数の機能も同時に実行できます. 回路Aと回路Bが独立しているため, 誤動作が波及しません.

これに対し, マイコンでは同時並列処理ができないので, 順番に処理を実行するしかありません.

比較的高速なカウンタを動作させ, 細かなタイミング分解能が必要な場合, CPLDで作るとクロック・タイミングに合わせて正確に動作します. しかし, 普通のマイコンではCPLDのように正確なタイミングを得るのは困難です.

▶理由6 どんな回路も作れる

マイコンは, 内蔵する周辺モジュール以外の機能を利用するこ

とはできません．一方，CPLDは機能モジュールを自由に構成できます．

● FPGAかCPLDか

現在のFPGAは，ディジタル・ロジックだけでなく，CPUコアやアナログ回路などが混載されています．大規模過ぎる点と高価な点で，アマチュアが簡単に使うというレベルではありません．大規模化したFPGAは機能があまりにも多く，1人で使うというレベルを超えているため，チームで使うのが適当です．

小規模なFPGAなら個人でも使いこなせると思いますが，SRAM構造であるため，外付けでROMメモリが必須なのが難点です．

これに対して，CPLDは「より容易に使えて」「簡単には壊れず」「より安価」という特徴があります．現在入手できるCPLDは，この点でアマチュアでも安心して使えます．

特にデバイス単体としても次のような点で使いやすく，アマチュアの電子工作にCPLDは最適です．

- 電源の種類が少なく投入順序も自由に決められる
- 電源OFFの状態で外部から信号が加わっても壊れない
- 内蔵クロックを持つものもある
- 入出力ピンで直接外部に信号を入出力できる
- 入出力ピンの割り付けを自由にできる
- 実装できるロジックの回路規模に応じて数種類があり選択できる

コラム　ノイズに強く速いスタンダード・ロジックIC「TTL」

● 高速でノイズに強い回路構成

　TTLは，Transistor-Transistor Logicの略です．図Aに示すのは，2入力NANDゲートの内部回路です．入力段と出力段の両方が，バイポーラ・トランジスタと抵抗の回路で構成されています．

　以前は，入力段がダイオードで構成されていたのでDTL（Diode-Transistor Logic）と呼ばれていましたが，入力段をマルチ・エミッタ・トランジスタに置き換えたためTTLと呼ばれるようになりました．この構成にした最大のメリットは，高速化したことと，ノイズに強くなったことです．

　1960年代に，テキサス・インスツルメンツ社がTTLの汎用ロジックICファミリとして7400シリーズを開発しました．コンピュータや産業用機器などさまざまな用途で広く使われ，業界標準になりました．その後多くのメーカが互換品を開発し，現在でも多くの機器に使われています．

● 入出力電圧レベルが標準化されていて誰でも安心して使える

　標準的なTTL回路の電源電圧は5Vです．入力レベルは，0Vか

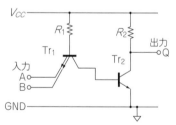

図A　2入力NAND TTLの内部構成

ら0.8Vまでがしレベルと定義され，2.2Vから5VまでがHレベル
と定義されています．

　出力電圧は，Lレベルのとき0～0.4V，Hレベルのとき2.6～5V
です．いずれの場合も0.4Vの余裕があり，ノイズに強い仕様にな
っています．

　TTLの電圧レベルの規格化により，電気的特性が広く統一され
たため，さまざまなメーカのICが混在しても相性などを考慮する
必要がなく，理想的な論理デバイスとして扱えるようになりまし
た．現在でもこの規格のことを指して「TTL互換」という表現が
使われています．

● 進化の過程

　当初は，SSI（Small Scale Integrated）と呼ばれる単純なゲート
回路が主体でした．高集積化の進歩とともに，MSI（Middle Scale
Integrated）やLSI（Large Scale Integrated）と呼ばれるカウンタ
やレジスタなど高機能ICが開発されて，一層便利に使えるように
なっていきました．

　1970年になるとCMOS構造のICが開発され，モトローラ社が
"4000"という汎用ロジックICシリーズを開発しました．しかし，
TTLと互換性はありませんでした．その後74シリーズと互換の
機能とピン配置を持つCMOS構造の74HC/74ACシリーズが開発
されました．消費電力がTTLより少なく動作速度も同等であった
ことから，TTLを置き換えられました．

　マイコンの電源電圧が3.3V以下になった1990年代後半，電源
電圧を3.3Vや2.5Vなどにした新たなTTLシリーズやCMOSシ
リーズも開発され，今に至っています．

Appendix 1

プログラマブル・ロジックICの歴史
高集積化，高速化，そして大規模化

　通常の集積回路（ICやLSI）はメーカですべての回路が固定されるため，ユーザが後から回路を変更することはできません．これに対してプログラマブル・ロジックICは，メーカ出荷時には特定の機能を実行する回路が固定化されておらず，ユーザが使うときに必要な回路を自由に構成できるようになっています．

　このプログラマブル・ロジックICは，初期のものと比べると集積度が上がり，使い勝手も良くなっています．そこで，種類と歴史を説明しておきましょう．

● 1970年代後半のプログラマブル・ロジックIC

　写真1は，Monolithic Memories Inc.(MMI)社が開発したPAL（Programmable Array Logic）またはPLA（Programmable Logic Array）と呼ばれる，最初期のプログラマブル・ロジックICです．回路の構成は，内蔵されたヒューズを飛ばす方法が用いられてい

**写真1　1970年代後半に登場したPAL
と呼ばれる最初期のプログラマブル・ロ
ジックIC**
ANDやORを組み合わせた程度の回路規模で，
主に既存のLSI間の接続用に使われた
Wikipediaより引用

ました．回路規模は，ANDやORを組み合わせた程度のレベルで，主に既存のLSI間の接続用に使われていました．

● 1980年代前半のプログラマブル・ロジックIC

この数年後，米国Lattice Semiconductor社が，GAL（Generic Array Logic）と呼ばれるプログラマブル・ロジックICを開発しました（**写真2**）．これまでのヒューズを，電気的に消去/再書き込み可能なEEPROMに変更したもので，書き直しができるため便利に使えました．規模や用途はこれまでのPALとほぼ同様でした．

ここまでのPAL, PLA, GALをまとめて，PLD（Programmable Logic Device）やSPLD（Simple PLD）と呼んでいます．

● 1980年代後半にCPLDとFPGAが登場

集積技術の進歩に伴ってPLDは大規模化し，米国アルテラ社などが複数のPLDを集積したCPLD（Complex PLD）を開発しま

写真2 1980年代前半に登場したGAL と呼ばれるプログラマブル・ロジックIC
電気的に消去/再書き込み可能なEEPROM
を内蔵．規模や用途はPALとほぼ同様
Wikipediaより引用

写真3　1980年代後半に登場したCPLD
集積技術の進歩に伴って複数のPLDを集積

した（写真3）.

　さらに，これまでとは異なる方式で，米国ザイリンクス社が
EEPROMに代わってSRAMを使った新PLDを発表しました．こ
れが最初のFPGA（Field Programmable Gate Array）です．
SRAMなので高速動作が可能な反面，電源投入後に外付けの
ROMから構成用のファイルを読み込む必要があります．

● 1990年代は高速化と大規模化を進めてきた

　1990年代前半はCPLDが代表的な大規模PLDでしたが，1990
年代後半にはFPGAに主役が移行しています．各FPGAメーカは
競って高速化と大規模化を進めました．

● 2000年代以降，1つのFPGAで複雑なシステムを実現

　これまでの単なるロジックの大規模化だけでなく，**写真4**のよ
うなFPGAでは，CPUコアやSRAM，乗算器，PLL，DSPなど
の高機能回路をまとめてFPGAに搭載して，複雑なシステムを1
つのFPGAで高効率に実現できるようになりました．

写真4　2000年以降に登場したFPGA の例
CPUコア，SRAM，乗算器，PLL，DSPなど の高機能回路を搭載

● **現在はASICをFPGAに置き換えて効率的に回路を一体化**

FPGAの進歩が著しく，アナログ回路ブロックも搭載するなど 進歩が続いています．

これまでは，大量生産する機器のロジック回路は，小型で安価 に構成するため，ASIC（Application Specific Integrated Circuit） と呼ばれる専用カスタムICを開発するのが一般的でした．しかし， 回路規模が大きくなるにつれ，開発費が膨大となり採算が取れな くなってきました．

最近はFPGAが大規模化され，動作速度も1GHzを超えるもの もできています．これにより，ASICレベルの回路もFPGAで構 成可能となったため，ASICからFPGAに置き換えるのが一般的 となってきたのです．

FPGA本体にCPUコアやアナログ回路が内蔵され，より効率 的に機器の回路を一体化できるようになりました．FPGAへの置 き換えは，一層強くなっています．

アマチュアは回路図で小規模設計
ベテランは言語で大規模設計

　本稿では，回路図入力とHDL言語入力（Hardware Description Language）による設計手法の違いを解説します．

　もともと回路図は，人間にとって直感的で分かりやすい表現方法です．ディジタル・ロジック回路を回路図で設計するのが自然であり，設計者以外に伝えるにも理解しやすくなります．

　これに対し，大規模LSIの設計で回路図を使うと枚数が膨大になり，とてもCADでは管理しきれません．そこで，HDLという設計手法が開発されました．

　本書で取り上げるCPLD（Complex Plogrammable Logic Device）を用いた電子工作では，HDLを使わずに回路図を書けば済むという手軽さがあります．

■　小規模ならボトム・アップ方式

　回路図を使って設計する手法は，回路ブロックごとに設計し，これらを組み合わせて全体を設計するというボトム・アップ設計です．全体をブロックに分けてブロックごとにリーダーと担当者を決めて進める手法です．

　1970年代からICの集積度向上に伴い，74シリーズと呼ばれる高機能な汎用ロジックが開発され，より簡単に複雑なディジタル回路が回路図で設計できるようになりました．

●　小規模な回路は今でも回路図を使って設計する

　ディジタル・ロジック回路を回路図から作成する手順は，次のような進め方になります．現在でも小規模なロジック回路であれば同じ手順で製作されています．

① 目標とする回路の機能仕様の決定
② 回路構成に適したバイポーラ・トランジスタによるロジック素子の選択と回路図作成
③ 回路図に基づく部分試作と機能動作の確認
④ プリント基板の製作と機能動作の確認
⑤ 間違いがあれば試作からやり直して修正

　集積度がそれほど高くないときは，ワンチップICの開発にも回路図が使われていました．コンピュータによる回路設計システムのCAD（Computer Aided Design）化が進み，設計も効率化しました．

■ 大規模ならトップ・ダウン方式

　ICの集積度が増して大規模化が進んだことで，1個のICの中にすべてのロジック回路を組み込み，専用のICを製作するようになりました．1個のICに多くの回路を詰め込めば，当然安価になり，高速化も実現できます．最初に多額の開発費用はかかりますが，大量生産すれば回収できます．

● 大規模な回路も作れるハードウェア記述言語HDL

　大規模LSIの高集積化が進むと，回路図レベルでは回路図の枚数が膨大になり，CADではとても管理しきれません．

　そこで，回路図を使わずに効率的に設計する手法が，多く提案されました．その中の1つがハードウェア記述言語と呼ばれるHDLです．

　現在最も普及しているHDL言語は，米国国防省が中心となって開発したVHDLです．VHDLのVはVery high speed integrated circuits（超高速集積回路）の最初の文字を取ったものです．

　図1は，バイナリ・カウンタの回路図記号です．これをVHDLで記述するとリスト1のようになります．VHDLで記述して合成

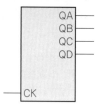

**図1 VHDLで記述する例に用いられた
バイナリ・カウンタの回路図記号**

した論路回路は，シミュレーションにより確認できます．最近では，大規模なLSIを効率的に開発する手法に，HDLを使うのが一般的です．

● **システム全体の機能仕様の設計から始める**

ボトム・アップ手法では，システムの設計段階でシステム全体の機能を検証するのは難しいでしょう．全体を組み合わせてから検証せざるを得ず，間違いの修正が大規模化する傾向にあります．

これを解決するための手法として，システム全体の機能仕様の設計からはじめるトップ・ダウン手法が提案されました．

トップ・ダウン手法では，アーキテクチャ設計の担当者，HDL化の担当者，検証の担当者などに分けて設計を進めます．アーキテクチャ担当者が全体の機能仕様を設計し，全体の検証まで行います．

その後，HDL担当者が実際の回路化を行い，検証するという流れになります．最初に全体が正しいことを検証しているので，間違いの手戻りは少なくなります．

● **HDLの3つのメリット**

トップ・ダウン手法におけるHDLの特徴は，次のとおりです．

リスト1 VHDLで記述したバイナリ・カウンタ回路
最近では大規模なLSIを効率的に開発する手法としてHDLを使うのが一般的である

```
library IEEE;
use IEEE.std_logic_1164.all;
use work.std_logic_unsigned.all;

entity COUNTER is
    port ( CLK : in  std_logic;
           Q  : out std_logic_vector(3 downto 0)
         );
end COUNTER;

architecture RTL of COUNTER is
signal Q_int : std_logic_vector(3 downto 0)
begin
process (CLK) begin
    if (CLK' event and CLK = '1') then
        Q_int <= Q_int + 1;
    end if;
end process;
Q <= Q_int;     -- 実際の外部へ出力
end RTL;
```

▶特徴1 トップ・ダウン設計とシミュレーション・デバッグが可能

トップ・ダウン手法では，まずビヘイビア・レベルと呼ばれる全体の機能を定義するところから始めます．そのビヘイビア・レベルが正しく動作するか確認してから，順次下位レベルの設計（回路化）へと進めます．

▶特徴2 回路記述と一緒にシミュレーション方法も記述できる

ビヘイビア・レベルや回路レベルを合成した結果を検証するための記述が，一緒にできます．

▶特徴3 設計資産の再利用

パラメタライズの手法により汎用性のある回路を記述でき，再利用性が高い回路を構成できます．パラメタライズとは，HDL記述のひとつで，パラメータを変えるだけで異なる回路を生成できる手法です．レジスタのビット幅をパラメータ化することで，8ビットと16ビットのレジスタを同じ記述で構成できます．

■ ボトム・アップとトップ・ダウンの使い分け

　ボトム・アップとトップ・ダウンのいずれが良いかという解はありません．環境に合わせて使い分けます．

　特に過去の回路図資産がたくさんある場合には，回路図を組み合わせたボトム・アップのほうが効率は良いでしょう．まったく新規に製品を開発する場合には，トップ・ダウンが適します．

● 直感的で分かりやすい回路図で設計する

　アマチュアが電子工作でCPLDの回路開発を行う場合，作りたいものの機能仕様は自分がすべて分かっていて，設計規模も1人でできる範囲です．トップ・ダウン手法を取る必要はなく，HDLを使うメリットもありません．直感的で分かりやすい回路図で設計するのが自然だし，それで十分です．

　TTLの回路図ベースで設計すれば，そのままCPLD上に構成できます．回路図の修正や，TTLの置き換えもパソコンの画面上で簡単に貼り付けるだけです．TTLを使って回路を組み立てる必要がないため，製作作業も簡単です．

　開発ツールには回路シミュレーション機能やタイミング解析機能など高機能なツールも内蔵されていますが，アマチュアが作る回路規模では，これらを使う必要はありません．その代わり，ロジック回路の動作を確認するときは，従来のように観測したい信号を出力ピンに出して，実際の信号をオシロスコープで確認します．

第2章

Windows10で動作する無償版

パソコンにCPLD開発ツールをセットアップする

使用するCPLD開発ツールは，インテル社の「Quartus Prime Lite」です．Windows 10で動作する無料の開発ツールです．

非常に大規模なツールなので，ハイスペックなパソコンが要求されます．CPUはできれば3GHz以上，メモリは16Gバイト以上，ハードディスクでも問題ありませんがSSD（Solid State Drive）がお勧めです．

本章では，開発ツールの入手からWindowsパソコンへのインストール，プロジェクトの作成方法までの手順を説明します．

STEP1 開発ツールの入手とインストール

● 手順1 開発ツールをダウンロードして入手する

次のURLから，インテルのダウンロード・サイト内の「Quartus Prime Lite」のダウンロード・ページ（**図1**）を開きます．

https://www.intel.co.jp/content/www/jp/ja/software/
programmable/quartus-prime/download.html

ライト・エディションのダウンロードのボタンをクリックします．最初だけサイン・インを求められ，メール・アドレスとパスワードを設定します．

これで**図2**のダウンロード・ページに移動します．ページの入力手順は次のとおりです．

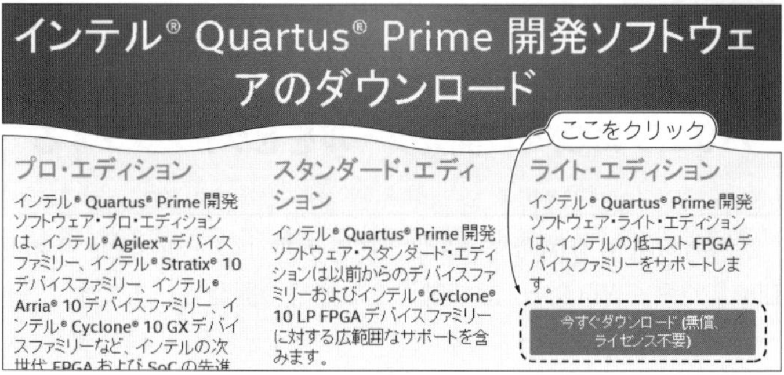

インテル® Quartus® Prime 開発ソフトウェアのダウンロード

ここをクリック

プロ・エディション

インテル® Quartus® Prime 開発ソフトウェア・プロ・エディションは、インテル® Agilex™ デバイスファミリー、インテル® Stratix® 10 デバイスファミリー、インテル® Arria® 10 デバイスファミリー、インテル® Cyclone® 10 GX デバイスファミリーなど、インテルの次世代 FPGA および SoC の先進

スタンダード・エディション

インテル® Quartus® Prime 開発ソフトウェア・スタンダード・エディションは以前からのデバイスファミリーおよびインテル® Cyclone® 10 LP FPGA デバイスファミリーに対する広範囲なサポートを含みます。

ライト・エディション

インテル® Quartus® Prime 開発ソフトウェア・ライト・エディションは、インテルの低コスト FPGA デバイスファミリーをサポートします。

今すぐダウンロード (無償、ライセンス不要)

図1 開発ツール Quartus Prime のダウンロード・ページ
ライト・エディション版をダウンロードする

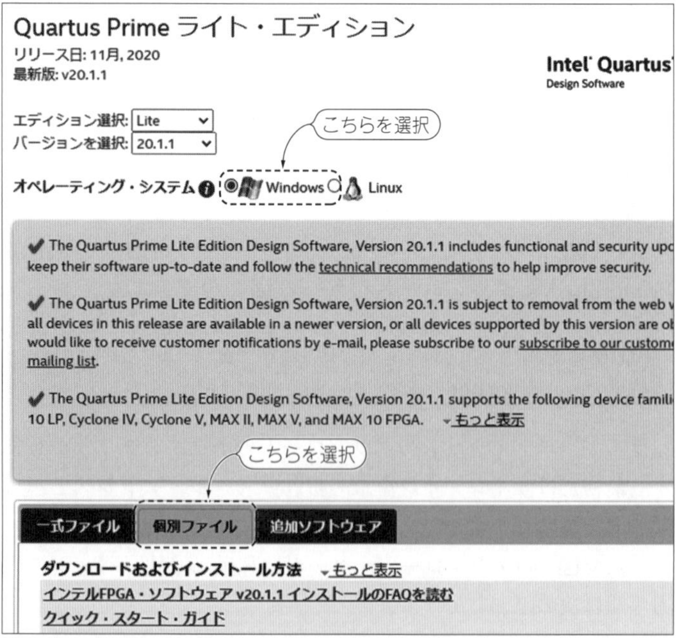

Quartus Prime ライト・エディション

リリース日: 11月, 2020
最新版: v20.1.1

Intel® Quartus
Design Software

エディション選択: Lite ▼
バージョンを選択: 20.1.1 ▼

こちらを選択

オペレーティング・システム ❶ ◉ Windows ○ Linux

✔ The Quartus Prime Lite Edition Design Software, Version 20.1.1 includes functional and security upd keep their software up-to-date and follow the technical recommendations to help improve security.

✔ The Quartus Prime Lite Edition Design Software, Version 20.1.1 is subject to removal from the web v all devices in this release are available in a newer version, or all devices supported by this version are o would like to receive customer notifications by e-mail, please subscribe to our subscribe to our custome mailing list.

✔ The Quartus Prime Lite Edition Design Software, Version 20.1.1 supports the following device famili 10 LP, Cyclone IV, Cyclone V, MAX II, MAX V, and MAX 10 FPGA. ▼もっと表示

こちらを選択

| 一式ファイル | 個別ファイル | 追加ソフトウェア |

ダウンロードおよびインストール方法 ▼もっと表示
インテルFPGA・ソフトウェア v20.1.1 インストールのFAQを読む
クイック・スタート・ガイド

図2 ダウンロードする Quartus Prime ライト・エディションの選択画面
ファイルはバージョン 20.1, Windows 用を選択する

① バージョン20.1.1を選択. 最新のV20.4には無償版がない.
② オペレーティング・システムはWindowsを選択.
③ ダウンロード方法では「ダイレクト・ダウンロード」を選択する. こちらが通常のダウンロード方法.
④ ダウンロードするファイルの選択は「個別ファイル」を選択する.「一式ファイル」は大容量のダウンロードになるので避けたほうがよい.

図3 開発ツール本体「Quartus Prime Lite」と「MAX Ⅱ, MAX V device support」ファイルを個別にダウンロードする

個別ファイルを選択後，**図3**に示すように「Quartus Prime Lite」本体ファイルと，「MAXⅡ，MAXⅤ device support」ファイルを選択して，それぞれダウンロードします．ダウンロード先は同じディレクトリ内にする必要があります．ディレクトリ名には，日本語とスペースは使えません．メイン・ファイルは1.6Gバイトと巨大なため，ダウンロードには時間がかかります．

　デバイス・サポート・ファイルが同じディレクトリ内にないと，インストールが失敗します．注意しましょう．

● 手順2 開発ツールをインストールする

　最初に，Quartus Prime Lite本体をインストールします．ダウンロードした中から，**図4**に示す「QuartusLiteSetup-20.1.1.720-windows.exe」ファイルを実行します．自己解凍ファイルになっているので，そのままダブル・クリックで実行できます．

　実行が始まってWindowsのセキュリティ・チェックで［OK］をクリックすると，開始ダイアログが表示されます．

▶ライセンスを確認する

　次に，**図5**に示すライセンスの確認ダイアログが表示されます．［I accept］にチェックを入れてから［Next］をクリックします．

　次のダイアログでは，インストールするディレクトリの指定が表示されます（**図6**）．ディレクトリはCドライブの直下です．ここはそのままにして［Next］をクリックします．

図4 QuartusLiteSetupの実行ファイルをダブルクリックするとインストールが始まる

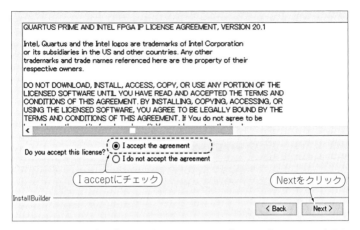

図5 ライセンスの確認ダイアログが表示されたら，「I accept」にチェックを入れて［Next］をクリックする

Installation directory

Specify the directory where Quartus Prime Lite Edition (Free) 20.1.1.720 wi

Installation directory C:¥intelFPGA_lite¥20.1 （そのままとする）

図6 Quartus Prime本体のインストール・ディレクトリの設定はそのままにして次へ進む

▶使用のデバイスが選択されていることを確認する

図7に示す，デバイスの選択ダイアログが表示されます．デバイスにMAX Vが存在し，チェックが入っていることを確認してから［Next］をクリックします．

ダウンロードしたデバイス・ファイルが見つかれば，自動的に表示されます．見つからないとエラーになります．デバイス・ファイルを本体と同じディレクトリ内にダウンロードしていれば，問題なく表示されます．

37

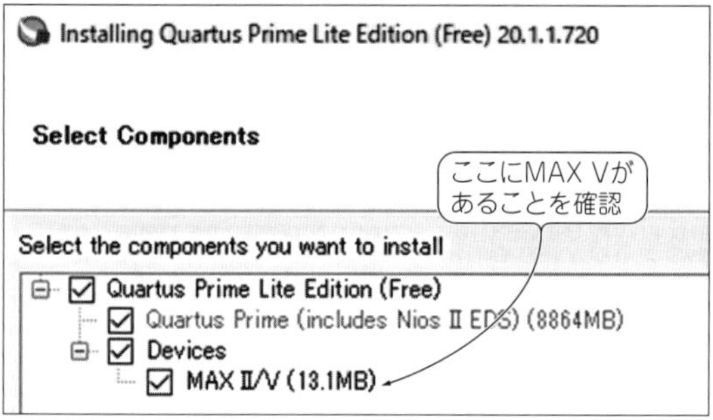

ここにMAX Vが
あることを確認

図7　デバイス選択ダイアログで，MAX Vにチェックが入って
いることを確認してから次へ進む

▶インストールを開始する

　これで「Ready」のダイアログが表示されて，インストールの
準備が完了します．そのまま［Next］をクリックすれば，インス
トールが始まります．インストールは，かなりの時間がかかりま
す．筆者の環境では，45分程度かかりました．インストールが完
了したら［Next］をクリックします．

　インストールが終了すると，図8に示す「Complete」のダイア
ログが表示されます．ここでは引き続き「USB Blaster Ⅱ
Driver」をインストールします．USB Blasterは，書き込みツー

書き込みツールを
インストールする

通常はそのまま

図8　インストール完了のダイアログでは，書き込みツール
「USB Blaster Ⅱ Driver」のインストールを選択する
その他デスクトップ・アイコンの生成と本体の起動は，チェック
を入れたまま次へ進む

デバイスドライバのインストール ウィザードの完了

ドライバは、正しくこのコンピュータにインストールされました。

今、このコンピュータにデバイスを接続できます。デバイス付属の説明書がある場合は、最初に説明書をお読みください。

ドライバ名	状態
✓ Altera (WinUSB) JTAG...	使用できます

USB Blaster II 用ドライバ

図9 USB Blaster II のドライバが正しくインストールされれば, 完了を示すダイアログが表示される

ルのことです. このドライバをインストールすると, 標準のUSB Blaster II が使えるようになります.

「Launch USB Blaster II driver installation」「Create shortcuts on Desktop」「Launch Quartus Prime Lite Edition」のチェックを入れたままで[Finish]をクリックします.

図9に, USB Blaster II のドライバのインストールが完了したことを示すダイアログを示します. デスクトップには, 図10に示すようなアイコンが追加されます.

● 手順3 Quartus Prime Lite を起動する

生成されたQuartusのアイコン(図10)をダブルクリックすると,

図10 インストール終了後, デスクトップに Quartus Prime のアイコンが追加される

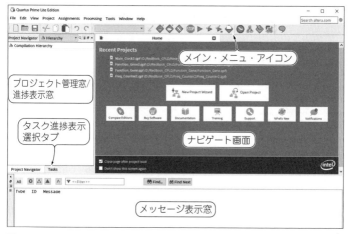

図11 Quartus Prime Liteの起動後の画面には，ナビゲート画面のほかに各種表示窓が並ぶ

開発ツールが起動します．図11に示すのは，Quartus Prime Lite の起動後の画面です．

▶ナビゲート画面

プロジェクト作成や起動，その他のWebサイトへの移動のためのアイコンが並んでいます．通常は，［New Project Wizard］か［Open Project］のアイコンを使います．ナビゲート画面の左上には，すでに作成したプロジェクトのリストが表示されています．リストをクリックしてもプロジェクトを開けます．

▶プロジェクト管理窓/タスク進捗表示窓

作成したプロジェクトのディレクトリと，すべての関連ファイルがここに表示されます．「Tasks」タブをクリックすると，コンパイル時の進捗がパーセントで表示されます．

▶メッセージ表示窓

回路解析やコンパイル時の進捗とエラーの内容が表示されます．表示されたエラー・メッセージから，チェック内容が確認できま

す.

▶メイン・メニュー・アイコン

　基本的な操作のアイコンが，メイン・メニューとして並んでい
ます．ほぼすべての操作が，ここにあるアイコンから行えます．

STEP2 プロジェクトの作成方法

● プロジェクトを単位として管理する

　Quartusで設計を進める際，プロジェクトを最初に作成します．
プロジェクト用ディレクトリに必要なファイルがすべて格納され，
プロジェクトを単位としてすべて管理されます．

　例題として，**図12**(a)に示した構成と仕様の回路を作成します．
プロジェクトの条件は次のものとします．

- ・プロジェクト名：SW_LED
- ・格納ディレクトリ：D:¥RedBook_CPLD¥SW_LED
- ・デバイス：5M240ZT100C5N

　仕様を満足するCPLD内部の回路は，**図12**(b)に示すものとな
ります．この回路を作成する手順を次に説明します．

● 新規プロジェクトの作成手順

　最初に「SW_LED」という名称のプロジェクトを新規作成しま
す．**図11**に示したナビゲート画面の［New Project Wizard］ボ
タンをクリックするか，メイン・メニューから「File」→「New
Project」をクリックします．

▶プロジェクトを格納するディレクトリを作成する

　新規プロジェクトの作成開始ダイアログが開き，［Next］をク
リックすると，**図13**に示すダイアログが表示されます．ここで，
プロジェクトの格納ディレクトリと名称を入力します．ディレク

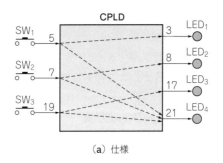

(a) 仕様

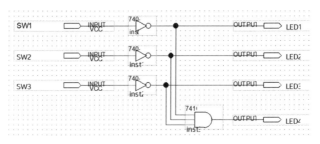

(b) CPLDの内部回路

図12 SW1, SW2, SW3それぞれがONの間, LED1, LED2, LED3が点灯し, 3個のスイッチが同時にONの間はLED4を含めすべてのLEDが点灯する例題の仕様と構成

トリはあらかじめファイル・エクスプローラで作成するか, または新たに設定します.

プロジェクト名を2つ目の欄に入力すれば, 3つ目の欄のトップレベル・エンティティも自動的に設定されます. トップレベル・エンティティとは, トップダウン設計の場合の最上位のエンティティを表します. ここでは, すべてプロジェクト名と同じで構いません. プロジェクト名とディレクトリ名は, 半角英数字のみ対応します. 全角文字や特殊文字, スペースなどは使えません.

ここで指定したディレクトリが未作成の場合には, **図14**に示す新規作成の確認ダイアログが表示されます. [Yes]をクリック

図13 ディレクトリとプロジェクト名を設定するダイアログが対応する文字は半角英数字のみ

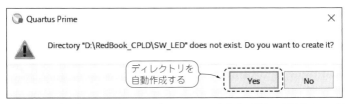

図14 新規プロジェクトで指定したディレクトリが未作成の場合，確認ダイアログが表示されてディレクトリが自動で作成される

してディレクトリを自動作成します．

▶空のプロジェクトを生成する

プロジェクト・タイプの設定ダイアログ（**図15**）が開きます．ここでは，空のプロジェクトで生成するか，他のテンプレートを使って生成するかを選択します．今回はすべて空のプロジェクトで生成するため「Empty Project」を選択します．

▶プロジェクトにファイルを追加する

プロジェクトに，ファイルを追加するダイアログ（Add File）が

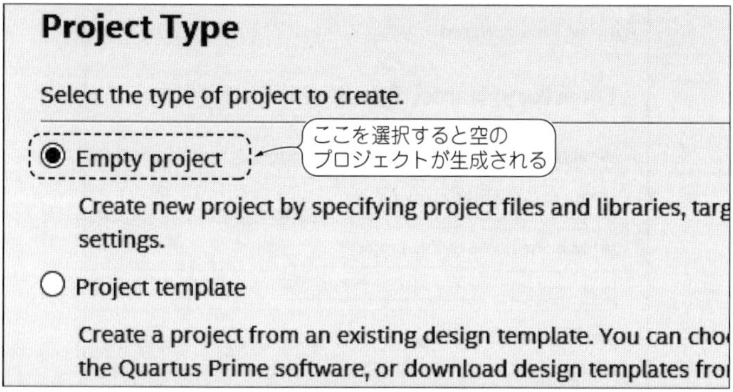

Project Type

Select the type of project to create.

● Empty project
> ここを選択すると空の
> プロジェクトが生成される

Create new project by specifying project files and libraries, targ settings.

○ Project template

Create a project from an existing design template. You can cho the Quartus Prime software, or download design templates fro

図15 プロジェクト・タイプの設定ダイアログでは，空のプロジェクトで生成するか，他のテンプレートを使って生成するかを選択する

開きます．ここでは，プロジェクトに何らかのファイルを追加する場合に指定します．今回は特に追加するものはなく，プロジェクト生成後に追加することもできるため，そのまま次へ進みます．

▶デバイスを指定する

次に，デバイスを指定するダイアログ（**図16**）が開きます．ここは，使うデバイスを指定する重要な設定です．まず，図の右側にある3つの欄を次のように設定します．

- Package（パッケージの指定）：TQFP
- Pin Count（ピン数の指定）：100
- Core Speed Grade（速度ランクの指定）：5

この設定をすると，一番下の欄に該当するデバイスのリストが表示されます．この中から実際に使うデバイス「5M240ZT100C5」を選択して，［Next］をクリックします．

この選択を間違うと設計途中でエラーが出たり，書き込み時にデバイスが異なるとのメッセージが出たりします．

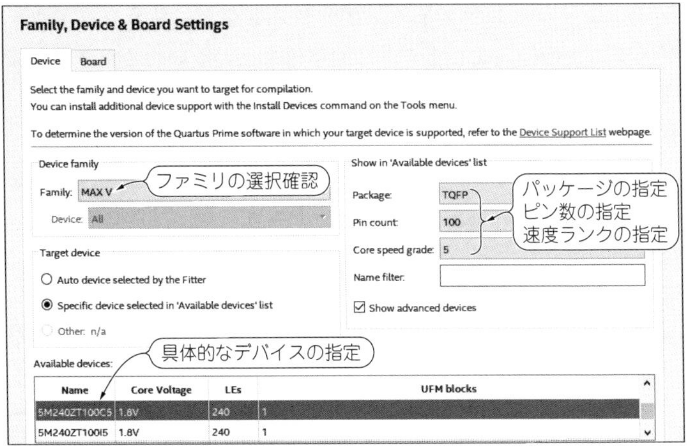

図16 デバイスを指定するダイアログでは，使うデバイスのパッケージとピン数，速度ランクなどを指定する

▶他のツールを設定する

　他のツールを設定するダイアログ（**図17**）が開きます．ここでは，

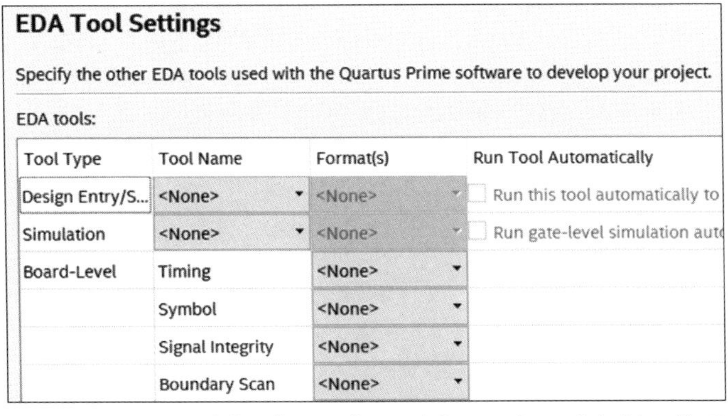

図17 他のツールを設定するダイアログでは，シミュレーションやタイミング・テストなどに使うソフトウェア・ツールの指定を行う
今回は何も使わないため，空欄のままで次へ進む

シミュレーションやタイミング・テストなどに使うソフトウェア・ツールの指定をします．今回は何も使わないため，空欄のまま［Next］をクリックして次へ進みます．

▶プロジェクトの生成が完了する

これまでの設定の一覧が，ダイアログに表示されます．内容を確認してから［Finish］をクリックします．万一間違いを発見したら，［Back］ボタンで必要なところまで戻って再設定します．これですべての設定が完了します．

図18に示すように，左側のプロジェクト管理窓に作成されたプロジェクトが表示され，メイン・メニュー・アイコンが使える

コラム メイン・メニューのアイコンを使いこなそう

生成されたプロジェクトで表示追加されたメイン・メニュー・アイコンの詳細を図Aに示します．ここでは設計によく使う主要なアイコンの機能を，設計を進める順番で説明します．

▶ Start Analysis & Synthesis（分析と合成）

作成した回路の分析を行い，回路図に不具合がないかどうかをチェックし回路合成を行います．エラーがなければピン割り付け用のファイルを生成し，Pin Plannerで設定ができるようになります．

▶ Pin Planner（ピン割り付け）

ピンの割り付けを行う機能で，専用のダイアログが表示され，分析結果で回路図に記述されたピンが自動的に表示されるようになっています．

▶ Start Compilation（コンパイル開始）

コンパイル実行開始ボタンで最初に解析を行い，エラーがなければ書き込み用のファイルを生成します．

▶ Stop Processing（実行停止）

このアイコンの右側にあるコンパイルや分析の実行を，途中で中止させる場合に使います．

ようになります．また，ナビゲート窓部分が消え，ブランク画面
となってエディタ用の窓として使えるようになります．

● 既存プロジェクトの開き方

すでに作成済みのプロジェクトを開くときには，**図19**の画面
で［Open Project］ボタンをクリックします．

ディレクトリ・ダイアログが表示されたら，プロジェクトの存
在するディレクトリに移動します．拡張子が「qpf」のファイルを
選択すればプロジェクトを開けます．

最近使ったプロジェクトが，上の方に「Recent Projects」とし

▶ Programmer（プログラミング）

コンパイルした結果の書き込みファイルを，実際のCPLDに書
き込みます．このとき書き込みツールとしてUSB Blaster IIが必
要になります．

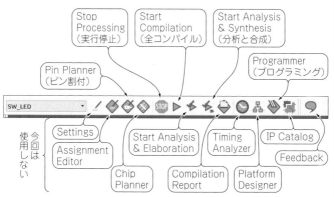

**図A　設計でよく使う主要なアイコンには，設計手順ごとにアイコン・メニュー
が用意されている**

47

図18 プロジェクトの生成が完了すると，管理窓にプロジェクト名が表示され，メイン・メニュー・アイコンが使えるようになる

図19 すでに作成済みのプロジェクトを開くときには［Open Project］ボタンをクリックするか，最近使ったプロジェクト・リストを選択する

てリスト表示されます．それを選択することでも，既存プロジェクトを開けます．

● プロジェクトの閉じ方

プロジェクトを閉じるには，メイン・メニューから「File」→「Close Project:」とします．

第3章　74シリーズのTTLロジック部品を貼り付けて配線する

エディタを起動して回路図を入力する

　本章では,「Quartus Prime Lite」を用いて,エディタの起動から回路図の入力,コンパイル,デバイスへの書き込み方法までを説明します.

ワンチップ・ロジックCPLD開発の流れ

　図1に示すのは,インテル社の開発ツール「Quartus Prime Lite」を用いた場合の回路設計手順です.開発ツールにもともと備わっている機能を,フルに活用します.実際に入力する作業は回路図だけです.

● プロジェクトを作成する

　開発ツールは,すべて1つの設計単位ごとにプロジェクトを単位として管理します.プロジェクトごとにディレクトリが指定できるため,自分自身の管理にも有用です.プロジェクト作成時の作業は格納ディレクトリの指定,プロジェクト名の設定,使うデバイスの指定の3つだけです.詳細は第2章を参照してください.

● 回路図の作成から回路の書き込みまで

　図1に示すように,手順ごとにアイコン・メニューが用意されているので,回路図の入力は簡単な手順で行えます.手順の概略を説明し,詳細は後述します.

▶STEP1　回路図エディタで回路図を作成する

　プロジェクトの作成が終ったら,回路図エディタを起動して,

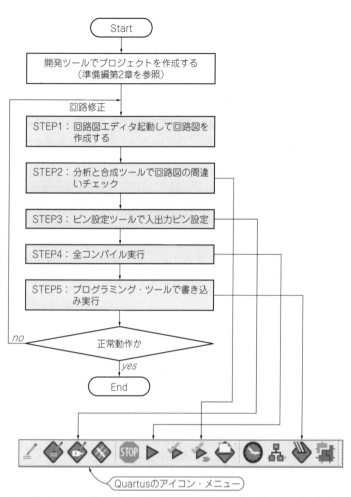

図1 開発ツールに備わっている機能をフルに活用し実際に入力する作業は回路図だけである

74 シリーズの部品を使って回路を設計します.

回路図作成はこれまでのディジタル・ロジック設計での方法とまったく同じです. パソコン画面で部品を配置し, 配線するだけ

です．非常に簡単に作成できます．

▶ STEP2　分析と合成ツールで回路図をチェックする

　分析と合成ツールのアイコンをクリックすると，作成した回路図で接続のおかしいところをチェックしてくれます．これですべてが正常にならないと先に進めません．

　1つの入力に，複数の出力が接続されているといったエラーが多いです．エラーの場合は，STEP1に戻って修正します．

▶ STEP3　ピン設定ツールでピン接続を設定する

　CPLDは，すべての入出力ピンを自由に設定できます．そのため部品配置とパターン設計が非常に簡単です．解析ツールでチェック完了すると，自動的に入出力ピンのリストが生成されます．それぞれのピンを，実際の入出力ピンの番号で指定して接続します．

▶ STEP4　全コンパイルを実行する

　ピン設定が完了したら，コンパイルを実行します．これで，CPLDに書き込むオブジェクト・ファイルが自動的に生成され，書き込みの準備が整います．

▶ STEP5　プログラミング・ツールで書き込みを実行する

　プログラミング・ツールを起動すると，プログラマのUSB Blasterが接続されていれば自動的に書き込み準備が実行でき，プロジェクトも選択された状態になります．［START］ボタンをクリックするだけで書き込みが実行され，完了と同時に回路の動作を開始します．

　もし動作が期待どおりでなければ，回路図エディタ(STEP1)に戻って回路を修正します．同じ手順でプログラミングして，再度動作を確認します．回路の間違いがあっても，パソコン上で修正し再コンパイルするだけで，すぐやり直しができます．そのため，ハードウェアを作り直す必要もありません．これだけの手順で開発できるので，非常に簡単です．

STEP1　回路図エディタで回路図を作成する

● 回路図エディタを起動する

　プロジェクトを作成後，回路図エディタを起動します．**図2**(a)
に示すように，メニュー・アイコンの［New］をクリックするか，
メニューから「File」→「New」へ進むと，**図2**(b)に示すような
ポップアップ・ウィンドウが表示されます．この中の「Block
Diagram/Schematic File」を選択して［OK］をクリックすれば，
回路図エディタが起動します．

　回路図エディタが起動すると，**図3**のようにエディタ窓が回路
図エディタの表示に切り替わり，上側に回路図エディタ用アイコ
ンが追加されます．

　この回路図エディタ用アイコンの中で，よく使うアイコンを**図
4**に示します．これらの使い方の詳細を順次説明します．これ以
外でも，慣れてくれば便利に使えるアイコンもありますが，ここ
では省略します．

● 基本操作手順

　回路図エディタを使う基本的な手順は，次のようになります．

▶部品の選択と配置

　回路図上に部品を配置します．74シリーズのICを使った回路
を作成するため，74シリーズの型番で選択します．電源やGND
の基本部品も，あらかじめ用意されています．入出力ピンも部品
として用意されていて，ピンも直接配線対象として扱えます．

▶配線接続

　配置した部品間を，配線で接続します．1対1だけでなく，バス
配線もできます．離れた部品間の配線を直接接続しなくても，配
線に同じ名称を付与することで接続されているとみなされます．

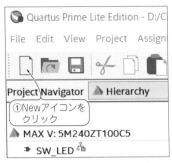

(a) [New]アイコンをクリックする

(b) ポップアップ・ウィンドウの表示

図2 「Block Diagram/Schematic File」を選択すると回路図エディタが起動する

図3 回路図エディタが起動するとエディタ用の表示に切り替わり回路図作成用のアイコンが追加される

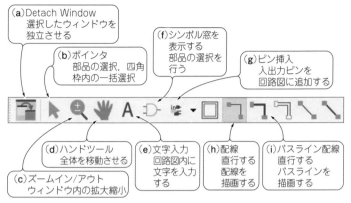

(a) Detach Window
選択したウィンドウを独立させる

(b) ポインタ
部品の選択, 四角枠内の一括選択

(f) シンボル窓を表示する部品の選択を行う

(g) ピン挿入
入出力ピンを回路図に追加する

(d) ハンドツール
全体を移動させる

(e) 文字入力
回路図内に文字を入力する

(c) ズームイン/アウト
ウィンドウ内の拡大縮小

(h) 配線
直行する配線を描画する

(i) バスライン配線
直行するバスラインを描画する

図4 回路図エディタの中でよく使う9つのアイコン

▶分析と合成

　作成した回路の記述が正しいかどうかを, チェックする作業です. 複数の出力が入力されていたり, 名称が重複していたりというエラーをチェックしてくれます.

　エラーがなければ入出力ピンのファイルを生成し, ピン割り付けツールに「ピン・リスト」が表示されるようにしてくれます.

● **部品の選択と配置**

　回路図の作成を始めます. 最初に部品を選択し, 配置する必要があります.

▶部品の選択

　図4(f)の, 部品の選択を行うアイコンを使います. このアイコンをクリックすると, **図5(a)**に示した「symbol」ダイアログが開きます. ここで74シリーズの部品は「others」-「maxplus2」の下にあります. 電源とGNDは「primitives」-「other」で, **図5(b)**のように用意されています.

　74シリーズの部品の場合には, **図5(a)**で [maxplus2] をクリ

ックすると，**図6**のように型番で選択できるようになっています．
74シリーズを使った経験のある方なら，すぐ選択できます．

　型番の最後にmとかoとかサフィックスが付いているものは，
一部回路が省略されているものです．もともと，10進カウンタが
2組実装されているものを一組だけに省略したようなものが用意

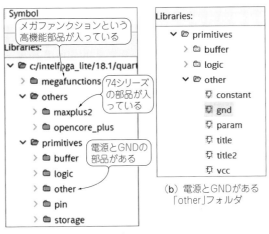

（a）「symbol」ダイアログ

（b）電源とGNDがある
「other」フォルダ

図5　「symbol」ダイアログを開いて部品を選択する

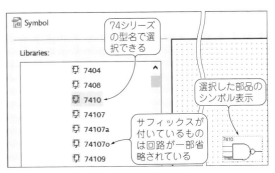

図6　74シリーズの部品は型番で選択できる

55

されています.

▶部品の貼り付け

　これでOKをクリックすると，部品がマウス・カーソルに貼り付いた状態で回路図エディタに移行します．適当な位置で左クリックすれば，その位置に部品が配置されます．連続して配置できるので，任意の数だけ貼り付けられます．貼り付け終了はESCキーを押すか，図4(b)のポインタ・アイコンをクリックします.

　移動は，ポインタ・アイコンを選択してから部品を左クリックで選択し，ドラッグ＆ドロップで行います.

　回転も図7のように部品を選択して右クリックすると，ポップアップ・メニューが表示され，「Rotate by Degrees」で回転できます．あるいは，メイン・メニューのアイコンでも行えます.

　ポインタを選択後，ドラッグしながら四角の範囲で複数の部品や配線を囲うと，囲った範囲をまとめて移動したり回転させたりすることができます.

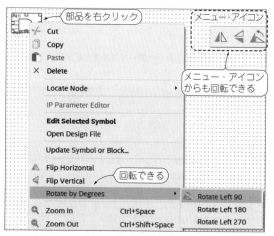

図7　部品を選択して右クリックするとポップアップ・メニューが表示され「Rotate by Degrees」で回転できる

▶部品の削除

削除する場合も，ポインタ・アイコンで選択してからDeleteキーを押します．

● 入出力ピンの配置

入出力ピンの配置は，図4(g)のアイコンで行います．このアイコンの▼をクリックすると，図8の①に示すように，ピンは「Input（入力）」，「出力（Output）」，「双方向（Bidir）」の3種類からの選択となります．いずれかを選択すれば，②のように自動的にピンの部品が回路図に現れます．部品は任意の位置まで移動してドロップして配置します．

入力は，何も接続されていないとVCCレベルになります．変更する場合は，デフォルト値のVCCの文字をダブル・クリックします．③のようにドロップダウン・リストを選択することで，GND

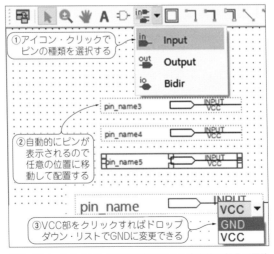

図8　アイコンからピンの種類を選択すると自動的に部品が回路図に現れ任意の位置まで移動してドロップして配置する

に変更できます.

▶ピン名称の変更

各ピンには名前を付けられます. 配置直後は「pin name」となっていますが, これを自由に変更できます.

名前を付けたいピンをダブル・クリックするか, 選択したあとに右クリックして開くドロップ・ダウン・リストで「Properties」を選択すると, **図9**(a)のような「Pin Properties」のダイアログが開きます. この中の「Pin name」欄に入力すれば, 名前を自由に付けられます.

図9(b)のように, ピンの「pin name」の部分を直接ダブル・クリックしても名前を変更できます.

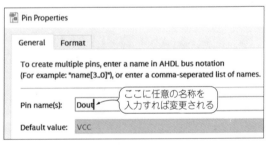

(**a**)「Pin Properties」ダイアログ

(**b**)「pin name」から名前を変更する

図9 「Pin Properties」のダイアログから入出力ピンの名称を変更するか「Pin name」欄に入力すれば自由に変更できる

● 接続配線

部品の配置終了後，部品間の配線をします．この配線方法には
いくつかの方法があります．

▶信号の接続，配線，名称の付与

部品を配置したあとは，部品間の接続配線をします．配線の基
本方法は，**図4(h)** などのアイコンを使う方法です．これらのアイ
コンを選択したあとで，**図10(a)** のようにマウスで配線の開始位
置に移動して左クリックし，そのままドラッグして接続先まで移
動します．接続先で□が表示された位置でドロップすれば配線が
完了します．配線同士の接続の場合にはドットも自動的に追加さ
れます．

もう1つの配線方法は，**図10(b)** のように部品を直接移動させ

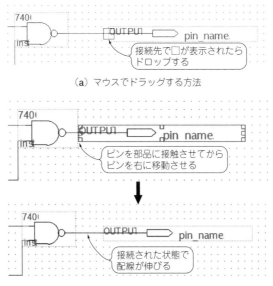

（a）マウスでドラッグする方法

（b）部品を密着させてから移動させる方法

**図10　配線方法にはマウスでドラッグする方法と，部品を密着
させてから移動させる方法の2種類がある**

て配線端子同士を密着させてから，移動して離す方法です．離す
とき配線が自動的に延長されて接続された状態となります．

▶配線に名前を付ける

　各配線には名前が付けられます．名前を付けたい配線をマウス
で左クリックして選択してから，右クリックします．これで図11
(a)に示すポップアップ・メニューが開きます．「Propeties」を選
択すると図11(b)のような「Node Properties」のダイアログが開
きます．ここの「Name」に名称を入力すれば，任意の名称が付
けられます．

　あるいは，図11(c)のように配線を選択すれば，，そこでも直接
名前を入力できます．この場合，最初にクリックした場所が名前
の先頭の位置になるので，名前を置く場所も指定できることにな
ります．

　ここで重要なことは，配線に名前を付けると同じ名前の配線は
直接配線で接続されていなくても，接続されているものとみなさ
れて処理されることです．図12のように，離れた部品の間の配線
を省略できるのです．全体に配線が少なくなって，見やすい回路
図になります．

　ただし，この方法では，ある程度規則性のある接続をするべき
です．そうしないと，接続先を把握しづらくなります．

▶バス配線の仕方

　2本以上の配線をまとめて，1本の配線で表現できます．これを
バスと呼びます．バスの配線には，太線アイコンの図4(i)を使い
ます．このアイコンをクリックしてから，バス接続する相手同士
の中ほどに配置します．その後，図13のように，通常の配線を使
って1本ずつの配線で部品とバスの間を接続します．

　接続先の区別は，名前だけで行います．バスには「name [7..0]」
というように配線本数だけの数となるように，数値をピリオド2
個で区切って記入します．

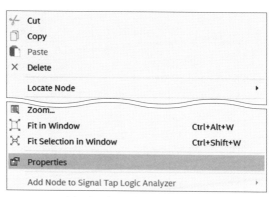

（a）ポップアップ・メニューを開く

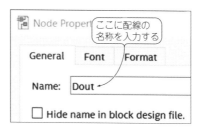

（b）[Node Properties]ダイアログで配線の名称を入力する

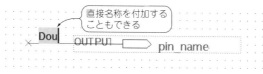

（c）配線を選択して直接名称を入力することもできる

図11　配線に名前を付けるには「Node Properties」ダイアログで配線の名称を入力するか配線を選択して直接名称を入力するかの2種類の方法がある

　このバスに接続するひとつひとつの配線には，「name[0]」，「name[1]」…「name[7]」というように，1つの数値を入れた名前を付与します．これでそれぞれが，バスに接続された配線で

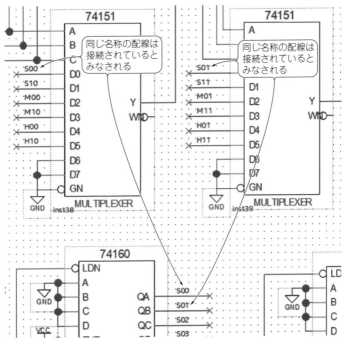

図12 同じ名前の配線は直接配線で接続されていなくても，接続されているものとみなされて処理される

あることを表します．この名前には英文字を使いますが，大文字と小文字は区別されないので注意してください．

● 回路図を保存する

回路図作成が終了したら，回路図を保存します．**図14**のように，メイン・メニューから「File」→「Save」と進めば，保存ダイアログが開きます．このとき，プロジェクトのディレクトリが選択された状態になっているので，そのまま［保存］をクリックすれば，現在のプロジェクトのディレクトリに保存されます．

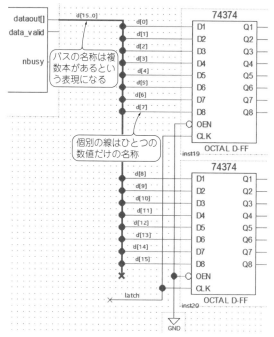

図13 バス配線の仕方は通常の配線を使って1本ずつの配線で
部品とバスの間を接続する

STEP2 分析と合成ツールで回路図をチェックする

● 分析と合成ツールで回路図の間違いをチェック

　回路図の作成後は，分析と合成を行います．回路に矛盾や配線
の誤りがないかを分析し，その結果で具体的なANDやフリップ
フロップなどのゲート回路に変換する作業が合成です．

　これを行うには，メイン・メニュー・アイコンの分析と合成ツー
ルをクリックします．自動的に分析が始まり，メッセージ欄に
経過が表示されます．最後まで赤字の行が表示されなければ正常

図14 メイン・メニューから「File」→「Save」と進めば「保存」ダイアログが開き，そのまま「保存」と進めば現在のプロジェクトのディレクトリに保存される

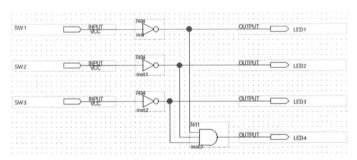

図15 分析と合成を説明するために例題として用いたスイッチ入力でLEDが点灯する回路図

です．正常に完了すれば，ピン割り付けツールが使えるようになります．

　例題としてSW_LEDを図15のように完成させたとします．この回路で分析と合成を行うと，図16のようなメッセージが表示されます．最後の行でエラーが0になっているため，接続は正常

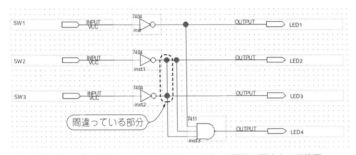

```
Type  ID   Message
      0    ********************************************************************
  >   0         Running Quartus Prime Analysis & Synthesis
      0         Command: quartus_map --read_settings_files=on --write
      ▲ 18236 Number of processors has not been specified which may        ここでエラーが
      0  20030 Parallel compilation is enabled and will use 4 of the       0になっている
      0  12021 Found 1 devi...
      0  12130 Elaborated megafunction instantiation "7410:inst3"
  >   0  21057 Implemented 8 device resources after synthesis - th  final resource cou
      0         Quartus Prime Analysis & Synthesis was successful. 0 errors, 1 warning
```

図16　分析と合成を行ったとき最後の行でエラーが0になれば接続については正常
な回路である

図17　分析と合成を説明するために例題として用いた配線を間違えた回路図

```
Type  ID   Message
  >   0    ************************ LED2には複数の出力を **************************
      0         Running Quartus Prime Ana 割り当てられない
      0         Command: quartus_map --re                       _settings_files=off SW_LED -c
      ▲ 18236 Number of processors has                          cause overloading on shared m
      0  20030 Parallel compilation is enabled and will use 4 of the 4 processors detected
      0  12021 Found 1 design units, including 1 entities, in source file sw...
      0  12130 Elaborated ...ty "7410...inst3"                   エラーが3つある
      0  12130 Elaborated megafunction instantiation "7410:inst3"
  >  ⊗ 12014 Net "gdfx_temp0", which fans out to "LED2", cannot be assigned more than one value
     ⊗        Quartus Prime Analysis & Synthesis was unsuccessful. 3 errors, 1 warning
```

図18　分析と合成を行ったとき最後の行でエラーがあれば接続が間違った回路で
ある

な回路です.

　分析でよく見つかるエラーには, 次のようなものがあります.
例えば, SW_LEDの回路が図17のように間違っていたとします.
LED2とLED3の出力が重なっているため, 正常動作しません.

　これで分析と合成を実行した結果は, 図18のようなメッセー
ジを表示し, 3か所にエラーがあるのがわかります. エラー・メ

ッセージの行をマウスでクリックするとエラー位置の図が表示されます.

STEP3　入出力ピンを設定する

● ピン設定ツールで入出力ピンを割り付ける

　回路図ができ上がり，分析と合成が正常に完了すると，ピン割り付けができる状態となります. メイン・メニューの［Pin Planner］アイコンをクリックすると，**図19**のようなピン割り付けウィンドウが開きます.

　このウィンドウの下側に，回路図に配置した入出力ピンのリストが表示されます. 回路図を作成したあとで，分析と合成を実行すると，自動的にリストが生成されます.

　ここで，各入出力ピンを実際のピンに割り当てます. 各ピンの「Location」欄をダブル・クリックすると，**図20**のようにピン番号の一覧表がポップアップされます. ここで外部接続回路に合わせて，ピンを選択します.

　出力ピンの場合には，駆動出力電流も選択できます. 通常は，デフォルトの16mAで十分です. 入力ピンの場合には，「I/O Standard」の欄をクリックすると，**図21**のように入力形式の種類が選択できるようになります. スイッチのような場合には「3.3V Schmitt Trigger Input」とすると，安定な動作が期待できます.

　ピン割り付けをしたあとのウィンドウでは，CPLDのパッケージの図が**図22**のように，ピンの種類は記号の形と色で区別されて表示されるようになります.

　回路図には，**図23**のようにピン番号が追加されて表示されます. ピン番号の位置が遠い場合は，移動させて近くに配置します. これで回路設計のすべてが完了します.

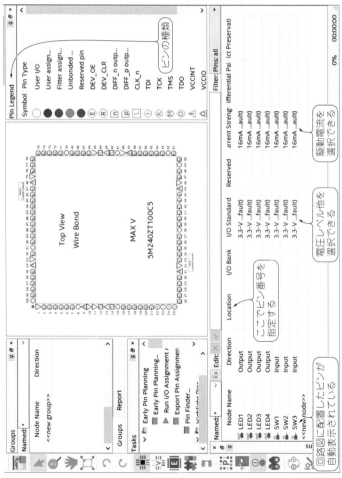

図19 回路図ができあがり分析と合成が正常に完了するとピン割り付けができる状態となる

Pin Legend

Symbol	Pin Type
○	User I/O
●	User assign...
●	Fitter assign...
●	Unbonded ...
●	Reserved pin
Ⓔ	DEV_OE
Ⓡ	DEV_CLR
Ⓝ	DIFF_n outp...
Ⓟ	DIFF_p outp...
⌐	CLK_n
◇	TDI
⊗	TCK
⊗	TMS
◇	TDO
△	VCCINT
△	VCCIO

Top View
Wire Bond

MAX V

5M240ZT100C5

ピンの種類

Filter: Pins: all   0%   00:00:00

Node Name	Direction	Location	I/O Bank	I/O Standard	Reserved	urrent Streng	ifferential Pai	ict Preservati
LED1	Output			3.3-V ...fault)		16mA ...ault)		
LED2	Output			3.3-V ...fault)		16mA ...ault)		
LED3	Output			3.3-V ...fault)		16mA ...ault)		
LED4	Output			3.3-V ...fault)		16mA ...ault)		
SW1	Input			3.3-V ...fault)		16mA ...ault)		
SW2	Input			3.3-V ...fault)		16mA ...ault)		
SW3	Input			3.3-V ...fault)		16mA ...ault)		
<<new node>>								

ここでピン番号を指定する

電圧レベル他を選択できる

駆動電流を選択できる

回路図に配置したピンが自動表示されている

Groups
Named:*

Node Name	Direction
<<new group>>	

Tasks

- ∨ Early Pin Planning
  - Early Pin Planning ...
  - ▲ Run I/O Assignment /
  - Export Pin Assignmen
  - Pin Finder...
  - ∨ Highlight Pins...

Groups   Report

Named:*   Edit: ×

Node Name	Direction	Location		Standard	Reser
out LED1	Output	PIN_34		ult)	
out LED2	Output	PIN_36		ult)	
out LED3	Output	PIN_38			
out LED4	Output	PIN_38	IOBANK_1 Column I/O		
in SW1	Input	PIN_39	IOBANK_1 Column I/O DIFFIO_B6p		
in SW2	Input	PIN_41	FIO_B7p		
in SW3	Input	PIN_42	FIO_B7n		
<<new node>>		PIN_43	IOBANK_1 Column I/O DIFFIO_B8p, DEV_OE		
		PIN_44	IOBANK_1 Column I/O DIFFIO_B8n, DEV_CLRn		

ダブル・クリックするとピン・リストがポップアップされる

外部回路に合わせてピンを選択する

図20　各ピンの「Location」欄をダブル・クリックするとピン番号の一覧表がポップアップされ外部接続回路に合わせてピンを選択する

I/O Standard	Reserve
3.3-V L...efault)	
3.3	
3.3	
3.3-V L...efault)	
3.3-V LVTTL (default)	▼
1.5 V	
1.8 V	
2.5 V	
2.5V Schmitt Trigger Input	
3.3-V LVCMOS	
3.3-V LVTTL	
3.3-V LVTTL (default)	
3.3V Schmitt Trigger Input	

ダブル・クリックし▼をクリックすると種類のリストがポップアップされる

図21　入力ピンの場合には「I/O Standard」の欄をクリックすると入力形式の種類が選択できるようになる

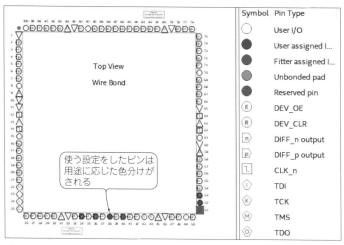

Symbol	Pin Type
○	User I/O
●	User assigned I...
●	Fitter assigned I...
●	Unbonded pad
●	Reserved pin
Ⓔ	DEV_OE
Ⓡ	DEV_CLR
⌐n⌐	DIFF_n output
⌐p⌐	DIFF_p output
⌐L⌐	CLK_n
◇	TDI
Ⓚ	TCK
Ⓜ	TMS
◇	TDO

使う設定をしたピンは用途に応じた色分けがされる

図22 ピン割り付けをしたあとのウィンドウではピンの種類は記号の形と色で区別されて表示されるようになる

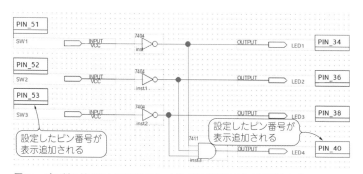

設定したピン番号が表示追加される

設定したピン番号が表示追加される

図23 ピン割り付け後の回路図には, ピン番号が追加されて表示される
ピン番号の位置が遠い場合は, 移動させて近くに配置する

STEP4 コンパイルを実行する

● コンパイルして書き込みファイルを生成する

　回路図が完成したら, コンパイルを実行してCPLDへ書き込む

69

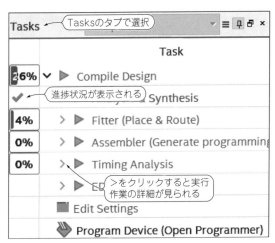

図24 コンパイルの進捗状況はTasksのタブをクリックすると表示される

ためのファイルを生成します。このためには、[Start Compilation]のアイコンをクリックします。途中で回路図を変更した場合は、確認のダイアログが表示されるので、[Yes]をクリックして先に進みます。これで自動的にコンパイルが始まります。

コンパイルの進捗状況は、図24のように左側の窓でTasksのタブをクリックすると表示されます。メッセージ・ウィンドウには、たくさんのコンパイル経過のメッセージが出力されます。図25のように最後にエラーが0と表示されればコンパイルが成功し

```
Type  ID    Message
⚠ 332012 Synopsys Design Constraints File file not found: 'SW_LED.sdc'. A Synop
ⓘ 332142 No user constrained base clocks found    エラーが0であれば "derive_c
ⓘ 332096 The command derive_clocks did not find    書き込みができる      No clock
⚠ 332068 No clocks defined in design.
ⓘ         Found TIMING_ANALYZER_REPORT_SCRIPT_INCLUDE_DEFAULT_ANALYSIS = ON
  332159 No clocks
ⓘ 332102 Design is not fully constrained for hold requirements
> ⓘ       Quartus Prime Timing Analyzer was successful. 0 errors, 3 warnings
ⓘ 293000 Quartus Prime Full Compilation was successful. 0 errors, 11 warnings
```

図25 最後にエラーが0と表示されればコンパイルが成功して、CPLDに書き込むためのファイルが生成される

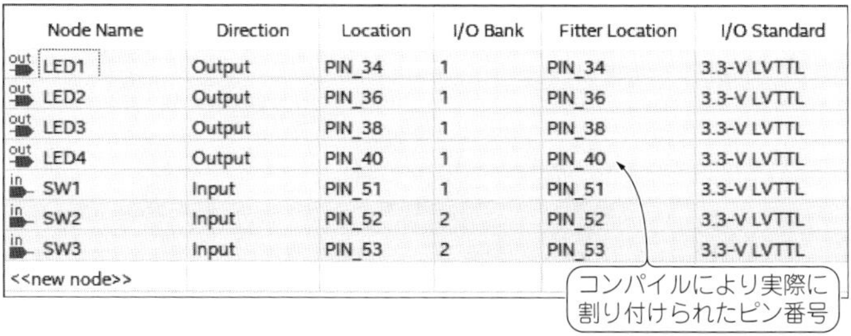

Node Name	Direction	Location	I/O Bank	Fitter Location	I/O Standard
out LED1	Output	PIN_34	1	PIN_34	3.3-V LVTTL
out LED2	Output	PIN_36	1	PIN_36	3.3-V LVTTL
out LED3	Output	PIN_38	1	PIN_38	3.3-V LVTTL
out LED4	Output	PIN_40	1	PIN_40	3.3-V LVTTL
in SW1	Input	PIN_51	1	PIN_51	3.3-V LVTTL
in SW2	Input	PIN_52	2	PIN_52	3.3-V LVTTL
in SW3	Input	PIN_53	2	PIN_53	3.3-V LVTTL
<<new node>>					

コンパイルにより実際に
割り付けられたピン番号

図26 コンパイルが完了するとPin Plannerで「Fitter Location」欄が追加されて実際に割り付けされたピン番号が表示される

て, CPLDに書き込むためのファイルが生成されます.

コンパイルが完了すると, Pin Plannerで**図26**のように「Fitter Location」欄が追加されて, 実際に割り付けされたピン番号が表示されます.「Location」欄で指定したピン番号と同じになっていれば, ピン配置が完了です.

STEP5 書き込みを実行する

● 書き込みツールを使う

コンパイルが正常に完了したら, デバイスに書き込んで動作させます. 書き込みツールにはUSB Blasterを使いますが, ALTERAの純正品は非常に高価です. そのため, 互換品を利用しました. 互換品には大きな価格差がありますが, 安価な製品の中には, ツールとして認識されなかったり, Windowsが動作しなくなったりするケースもあるので注意してください.

お勧めは, 旧アルテラ社のパートナー企業である台湾Terasic社製のTerasicBlaster(Terasic USB Blaster)です(**写真1**). インターネットで多数見つかるので, ネット通販で容易に入手できると思います.

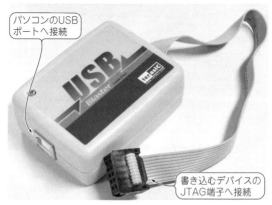

パソコンのUSB
ポートへ接続

書き込むデバイスの
JTAG端子へ接続

写真1　デバイスへのファイルの書き込みにはUSB Blasterツールを使う．Terasic社製のTerasicBlaster（Terasic USB Blaster）

● デバイス・ドライバをインストールする

　書き込みツールを介して，パソコンへ接続します．下記ディレクトリを指定してデバイス・ドライバをインストールします．

　C:¥intelFPGA_lite ¥20.1 ¥quartus ¥drivers

　正常に接続が完了すると，「Altera USB-Blaster」というデバイス名で接続されます．

● パソコンと書き込みツールを接続する

　「Programmer」のアイコンをクリックすると，「Programmer」ウィンドウが開きます（**図27**）．ツールを接続していない場合には，①のように「No Hardware」と表示されます．未接続の場合には，この状態でプログラミング・ツールをUSBに接続し，②の「Hardware Setup」をクリックします．

　これで**図28**に示す「Hardware Setup」ダイアログが表示されます．「Currently Select Hardware」の欄をクリックして開くド

図27 パソコンと書き込みツールとの接続状況は「Programmer」
のウィンドウで確認できる

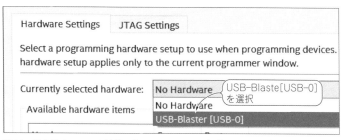

図28 書き込みツールの接続は「Hardware Setup」ダイアログの「Currently Select
Hardware」で行う

ロップダウン・リストで,「USB-Blaster [USB-0]」を選択して
から [Close] をクリックします.

　このときデバイスが表示されない場合には,デバイス・ドライ
バのインストールが必要です.Windowsのデバイス・マネージャ
でドライバを更新します.[Close] をクリックすると,
「Programmer」ウィンドウに戻ります.戻ったときには,図29
のように「Hardware Setup」の欄に「USB-Blaster」が表示され
て書き込みの準備ができます.

● デバイスと書き込みツールを接続する

　以下は,製作編で掲載しているMAX Vを搭載したトレーニン

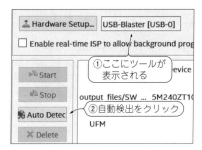

図29 「Hardware Setup」の欄に [USB-Blaster] が表示されていることを確認したら書き込みの準備完了

グ基板を用意してからの作業です.

書き込みツールのJTAGコネクタを,基板のJTAGインターフェースに接続し,[Auto Detect] ボタンをクリックして,デバイスを自動検出させます.デバイスが検出されると,図30の①に示すように,プロジェクトのファイル名とデバイス名が表示されま

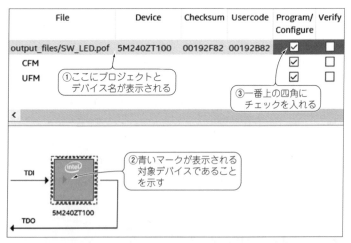

図30 USB Blasterを接続したデバイスが検出されるとプロジェクトのファイル名とデバイス名が表示される

74

す．さらに②のように，CPLDのイラストに青い▼マークが付いて対象デバイスであることを示します．

デバイスのイラストが2個連続したような表示になった場合は，▼マークのないほうを削除して［Auto Detect］をやり直します．正常にUSB-Blasterを接続しているにも関わらず［Auto Detect］で検出できなかった場合には，もう一度［AutoDetect］を実行してみます．多くの場合これで正常に検出されます．

正常に検出できたら③のように，「Program/Configure」の欄でデバイスの書き込みメモリを指定します．1番上の四角にチェックを入れれば，下の2つにも自動的にチェックが入って対象となります．

● デバイスにファイルを書き込む

これで書き込み準備が整いました．図31の①のように［Start］ボタンをクリックして，書き込みを開始します．②のように「Progress」欄が100％になれば書き込み完了です．書き込み完了と同時にデバイスは動作を開始するので，すぐ動作確認ができます．スイッチを押せばLEDが点灯するので，動作の確認ができます．

図31 「Programmer」ウィンドウの［Start］ボタンをクリックして書き込みを開始．「Progress」欄が100％になれば書き込みは完了

コラム　デバイス内をすべてリセットしたり，出力設定を変更したりできる MAX V のオプション設定

　MAX V デバイスにはオプションとなっているピンが2つあります．この設定をする方法を説明します．

▶デバイス・リセット・ピン（DEVCLR または DEV_CLRn）

　このピンは，デバイス内をすべてリセットできるピンです．通常は有効になっていません．設定により有効化できます．有効にしたときには，このピンをLレベルにするとデバイス・リセットになります．

▶デバイス出力設定ピン（DEVOE または DEV_OEn）

　デバイス内の全出力バッファを，トライステートにするか通常のH/Lレベルに出力にするかの設定です．このオプションを有効化すれば，ピンをLレベルにするとすべての出力をトライステートにし，Hレベルとすると通常のH/Lレベルの出力となります．

　設定はプロジェクトを開いた状態で，メイン・メニューから，「Assignment」→「Device」として開いたダイアログにある

図A　オプション・ピンは「Device and Pin Options」の「General」で「Options」欄の四角にチェックを入れると有効化の設定ができる

［Device and Pin Options］ボタンをクリックします．これで**図A**のダイアログが開きます．

　ここの「General」で［Options］欄の四角にチェックを入れれば2つのピンのそれぞれについて有効化の設定ができるようになっています．下の「Description」欄に，動作の説明があります．

▶未使用ピンの指定

　このほかのオプションとして，**図B**のように未使用ピンをどう扱うかの指定ができます．デフォルト値は出力ピンでGNDにドライブするようになっています．②のようにいくつかの中から選択することができます．

　デフォルトでGNDピンになっているため，隣接する電源ピンとショートさせるとラッチアップの原因になるので，注意が必要です．

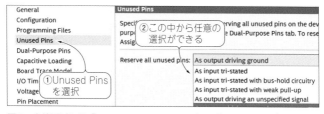

図B　未使用ピンは「Device and Pin Options」の「Unused Pins」から選択し設定できる

[製作編]

第1章　論理回路やD-Aコンバータ回路の基本動作を試せる

ロジック回路トレーニング基板の製作

　準備編では，インテル社の開発ツール「Quartus Prime Lite」を用いて，回路図入力からデバイスへの書き込み方法まで解説しました．製作編では，CPLD(Complex Programmable Logic Device)の「MAX V」を使用した電子工作を行います．

　本章では，実際に74シリーズのTTLの動作を試せるトレーニング基板を作製します．この基板を使うと，基本的なバイナリ・カウンタの動作(第2章)や7セグメントLEDによる数字表示(第3章)，D-Aコンバータによる矩形波や三角波の電圧出力(第4章)の動作，正弦波ダイレクト・ディジタル・シンセサイザ(第5章)を試すことができます．

全体構成と仕様

● アナログ電圧出力/2けた7セグメントLED表示付きの基板

　写真1に示すのは，74ロジックの動作を試せるトレーニング基板です．

　中央にCPLD，右側にDIPスイッチ，左側にR-2Rラダー・マトリクスによるD-Aコンバータと出力アンプ，上に2けたの7セグメントLEDとドライバIC，DCジャック，下側に4個のLEDとCPLDの書き込み用のJTAGコネクタを実装しています．4.194304MHzの発振器は，CPLDの下側に実装されています．

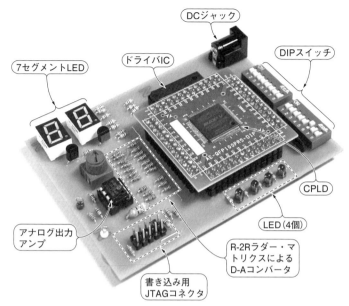

写真1 アナログ電圧出力や2けた7セグメントLED表示付きのトレーニング基板

表1にトレーニング基板の仕様を，図1にトレーニング基板の全体構成を示します．電源は外部からDC5VのACアダプタで供給し，3.3Vと1.8Vを電圧レギュレータで生成します．DIPスイッチは，8回路のものを2個装備しています．図2に5つに分割したトレーニング基板全体の回路図を示します．1枚になった全体回路図は，ダウンロードサービスのデータ内にあります．詳細はp.242を参照してください．

表1 トレーニング基板の仕様

項 目	仕 様	備 考
CPLD	**MAX V 5M240ZT100C5N**	変換基板に実装しソケットに実装
クロック源	4.194304 MHz の発振器	2の22乗の値
電源	DC5V の AC アダプタ 内部で3.3Vと1.8Vを生成	最大約0.3A
表示	LED 4個	–
	7セグメント LED, 2けた	ダイナミック点灯方式
操作	8ビット DIP スイッチ 2個	10kΩでプルアップ
アナログ出力	R-2R ラダー D-A コンバータ	10ビット分解能
	出力アンプ 可変抵抗で出力レベル可変	最大振幅 4V_{P-P}
JTAG	ATMEL 標準 10 ピン・ヘッダ	

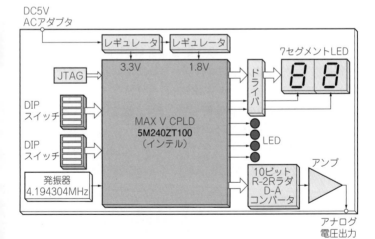

図1 トレーニング基板の全体構成

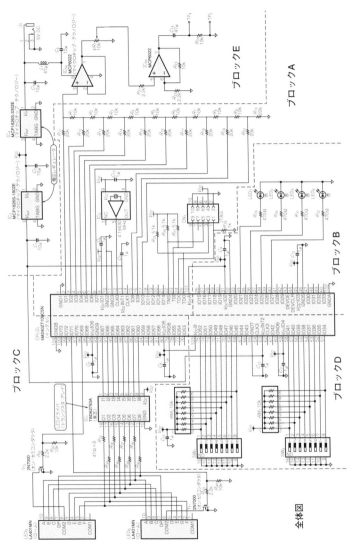

図2　ロジック回路トレーニング基板の全体回路(その1)

81

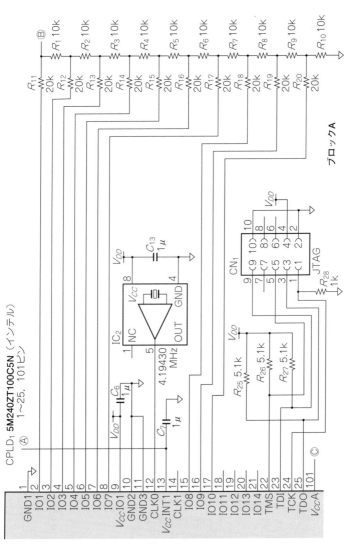

図2　ロジック回路トレーニング基板の全体回路(その2)

82

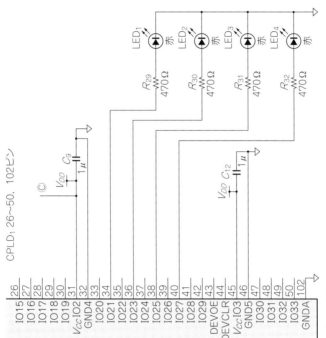

CPLD; 26〜50, 102ピン

ピン	信号
26	IO15
27	IO16
28	IO17
29	IO18
30	IO19
31	V_{CC}IO2
32	GND4
33	IO20
34	IO21
35	IO22
36	IO23
37	IO24
38	IO25
39	IO26
40	IO27
41	IO28
42	IO29
43	DEVOE
44	DEVCLR
45	V_{CC}IO3
46	GND5
47	IO30
48	IO31
49	IO32
50	IO33
102	GNDA

ブロックB

V_{DD} C_9 1μ

V_{DD} C_{12} 1μ

R_{29} 470Ω LED$_1$ 赤
R_{30} 470Ω LED$_2$ 赤
R_{31} 470Ω LED$_3$ 赤
R_{32} 470Ω LED$_4$ 赤

83

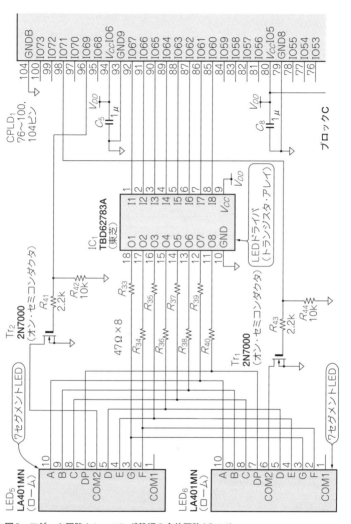

図2 ロジック回路トレーニング基板の全体回路(その3)

84

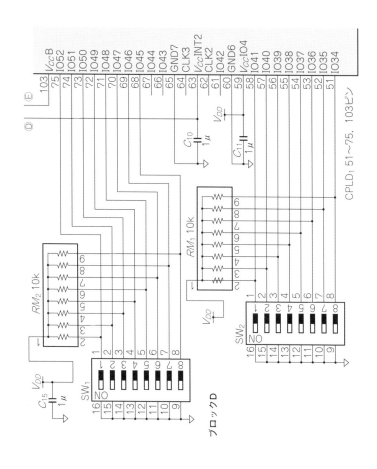

85

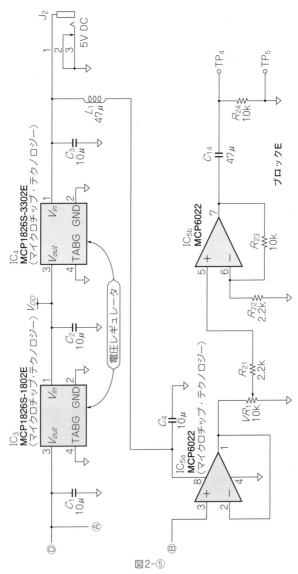

図2-⑤

図2 ロジック回路トレーニング基板の全体回路図（その4）

● ビギナでも扱える100ピン・パッケージ品を選択

　インテル社(旧アルテラ社)のMAX Vファミリには，内蔵の回路規模により**表2**のような種類があります．LE(Logic Element)とは，論理回路素子の規模を表します．

　74シリーズのカウンタなど，中規模レベルのTTL(準備編第1章コラム参照)で回路を構成したとすると，TTL回路の約4～5倍のLE数があれば構成可能です．製作で使うCPLDの規模は，最大で60％程度の余裕を見て5M240Zにします．

　ビギナ向けの電子工作では，パッケージの選択が重要です．少なくとも，ICパッケージの外側にピンが出ていて，はんだ付けしやすいものが適しています．

　MAX Vの場合，LEの規模ごとに用意されているパッケージは

表2　内蔵する回路規模により種類分けしたインテル社(旧アルテラ社)**のMAX Vファミリ**

機　能	5M40Z	5M80Z	5M160Z	5M240Z	5M570Z	5M1270Z	5M2210Z
LE(Logic Element)	40	80	160	240	570	1270	2210
標準等価マクロ・セル数[1]	32	64	128	192	440	980	1700
ユーザ・フラッシュ・メモリ [ビット][2]	8192	8192	8192	8192	8192	8192	8192
グローバル・クロック[3]	4	4	4	4	4	4	4
内蔵オシレータ[4]	1	1	1	1	1	1	1
最大ユーザI/Oピン数[5]	54	79	79	114	159	271	271
t_{PDt} [ns][6]	7.5	7.5	7.5	7.5	9.0	6.2	7.0
f_{CNT} [MHz][7]	152	152	152	152	152	304	304
t_{SU} [ns][8]	2.3	2.3	2.3	2.3	2.2	1.2	1.2
t_{CO} [ns][9]	6.5	6.5	6.5	6.5	6.7	4.6	4.6

注：
(1) 標準等価マクロ・セル数…以前のCPLDで使われていた規模を表す単位
(2) ユーザ・フラッシュ・メモリ…ユーザが自由に使えるフラッシュ・メモリで，16ビット幅512ワードのデータとして扱える
(3) グローバル・クロック…CPLDの基準クロックを入力できる端子数を表す
(4) 内蔵オシレータ…CPLD自体が内蔵している発振回路数を表す
(5) 最大ユーザI/Oピン数…ユーザが自由に使える入出力ピンの数
(6) t_{PDt}…パッケージの対角上にあるピン間の最大遅延時間を表す
(7) f_{CNT}…最高動作周波数に相当する
(8) t_{SU}…内部ロジックの動作時間に相当する
(9) t_{CO}…入出力ピンへの出力遅延時間に相当する

表3 MAX Vファミリーをピン数とパッケージで分類
矢印横の数字はユーザI/Oのピン数

デバイス	64ピン MBGA	64ピン EQFP	68ピン MBGA	100ピン TQFP	100ピン MBGA	144ピン TQFP	256ピン FBGA	324ピン FBGA
5M40Z	↓ 30	↓ 54						
5M80Z	↓ 30	54	↓ 52	↓ 79				
5M160Z		↓ 54	52	79	↓ 79			
5M240Z			↓ 52	79	79	↓ 114		
5M570Z				↓ 74	↓ 74	114	↓ 159	
5M1270Z						↓ 114	211	↓ 271
5M2210Z							↓ 203	↓ 271

(a) 表面側　　　　(b) 裏面側

写真2 製作に使用したインテル社 MAX VファミリのCPLD
100ピンTQFPパッケージ(型番：5M240)

表3のようになります．リード付きパッケージには，64ピンの
EQFP，100ピンと144ピンのTQFPパッケージがあります．64ピ
ンが扱いやすいのですが，EQFPパッケージはIC裏面にパッドと
呼ばれるグラウンド・ピンがあり，アマチュア工作でははんだ付
けができないため使えません．

　TQFPの144ピンは，ピンの数が多すぎてはんだ付けが大変で
す．そこで採用したのは，写真2に示した100ピンのTQFPパッ
ケージです．

　MAX Vファミリの100ピンTQFPを購入する際には，図3に
示す型番を指定します．型番は温度性能と速度性能でいくつかの

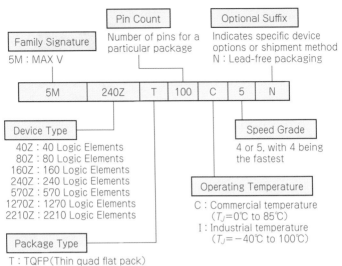

図3 MAX Vファミリの型番は温度性能と速度性能でいくつかのランクに分かれている

今回使用するMAX Vの型番は5M240ZT100C5N

ランクに分かれています。使用するCPLDの規模は240Z, パッケージはTQFP, ピン数は100, 温度範囲はコマーシャル・クラス, 速度ランクは遅くて十分なので5にします。そうすると購入すべき型名は「5M240ZT100C5N」となります。

この型名でネットを検索すると, 個人で購入可能な国内のオンライン販売サイトとして, 次のような業者がヒットします。

● Digi-Key ● Mouser ● RSコンポーネンツ など

● 電源供給の電圧値は3.3Vを使う

コア用に1.8Vが2ピン, I/Oピン用に3.3Vが数ピンと2種類の

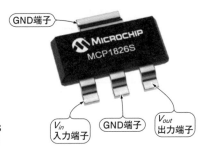

写真3　電圧レギュレータMCP1826S
このシリーズの3.3 V用と1.8 V用を使う

GND端子

V_{in}
入力端子

GND端子

V_{out}
出力端子

電源を供給します. ON/OFFの順序により, 動作に支障が出ることはありません. 単純に電圧レギュレータで供給すれば, 問題ありません.

I/Oピン用の電源には3.3 V, 2.5 V, 1.8 V, 1.5 V, 1.2 Vが使えます. さらに, I/Oピンはバンクと呼ばれる2系統に分かれており, それぞれのI/O電源が独立しています. 別のI/O電圧を同時に使うことも可能です.

入力にはDC5 VのACアダプタを使い, 3.3 Vと1.8 Vは電圧レギュレータで生成します. 3.3 Vの電流は, 多く見積もっても200 mA程度ですが, 余裕のある1 Aクラスの電圧レギュレータを使います. 1.8 VはCPLDのみへの供給なので, 最大でも100 mA程度です. ここも余裕を見て, 1 Aクラスの電圧レギュレータを使います. 3.3/1.8 Vとも同じシリーズのレギュレータMCP1826S(マイクロチップ社)です(**写真3**).

1.8 Vの電圧レギュレータには, 5 Vを直接つなぐよりも生成した3.3 Vをつなぐほうが, 発熱は少なくなります. 電圧レギュレータを, 2個直列にする構成にします.

● パスコンを必ず付ける

各電源端子には, 1個のバイパス・コンデンサが必要です. さらに, すべてのグラウンド・ピンをGNDパターンに必ず接続しま

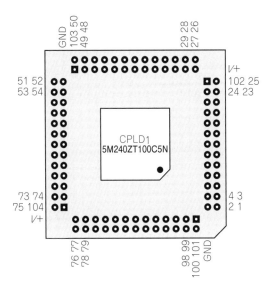

図4 TQFPの変換基板にMAX Vを実装したときのピン配置
101〜104ピンの余剰ピンを電源とグラウンドに割り当てる

す．これを省略すると，いろいろな誤動作に悩まされます．

　MAX Vの100ピン・パッケージを変換基板に実装した状態では，**図4**のように電源ピンとグラウンド・ピンを配置します．電源ピンはVCCINTがコア用の1.8V用電源ピンで，VCCIOがI/O用の3.3Vの電源ピンです．ここに必ずパスコンを配置します．**図2**に示した回路図は，後述するTQFPの変換基板にMAX Vを実装したときのピン配置です．101から104ピンが，電源用とグラウンド用として増えています．

● **書き込み用のコネクタを用意する**

　JTAGインターフェースの書き込み用コネクタとして，5ピン2列のヘッダ・ピンを使います．**図5**に示すように，各信号にはプルアップ抵抗とプルダウン抵抗を付けます．

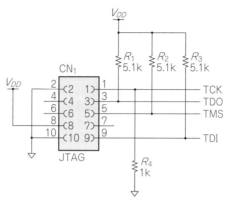

図5　JTAGインターフェースの書き込み用コネクタ
5ピン2列のヘッダ・ピンを使い，インターフェースの各信号にはプルアップ用とプルダウン用の抵抗が必要

● **数字の表示器には7セグメントLEDを使う**

　写真4(a)に示した7セグメントLEDには，図6(a)のカソード・コモンを選択しました．スタティック駆動では最大20mAまで流せます．スキャン駆動点灯の場合は最大60mAです．

● **LEDを駆動するためにソース・ドライバを使う**

　この7セグメントLEDの各セグメントに電流を供給するため，写真4(b)に示しすソース型のドライバIC(TBD62783A)を使います．図6(b)に，ドライバICの内部回路を示します．ドライバICの出力は，セグメントごとに抵抗で電流制限をして供給しています．けたドライバにはセグメントの合計の電流が流れるので，トランジスタTr_1，Tr_2(2N7000相当)を使って駆動しています．

● **バイナリ・カウンタ用に分周できるクリスタル発振器を使う**

　発振器には，写真4(c)のクリスタル発振器ICを使っています．周波数には4.194304MHzを選択しましたが，この値は2の22乗

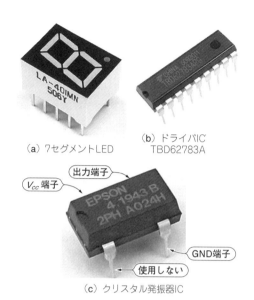

(a) 7セグメントLED

(b) ドライバIC TBD62783A

(c) クリスタル発振器IC

出力端子

V_{cc}端子

GND端子

使用しない

写真4　はんだ付けしやすいようにDIPタイプの部品を使用

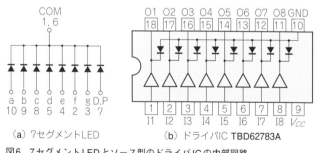

(a) 7セグメントLED

(b) ドライバIC TBD62783A

図6　7セグメントLEDとソース型のドライバICの内部回路

なので，周波数を下げる際は単純にバイナリ・カウンタが使えます．

　電源電圧が3.3Vに対応しているものを用意したいですが，5V

のものを3.3Vで使っても，通常の室内環境であれば正常に動作します．

R-2Rラダー・マトリクスのD-Aコンバータと出力アンプについては，製作編第4章で詳しく説明します．

トレーニング基板を製作する

● プリント基板の製作

トレーニング基板は，片面のプリント基板で製作します．プリント基板は，基板CADソフトウェア「EAGLE（AUTODESK）」を利用して自作します．EAGLEは有料のツールですが，回路図の枚数や基板サイズに制限がある無料版も用意されています．本書で紹介する基板は，すべて無料版の範囲で製作しています．

https://www.autodesk.co.jp/products/eagle

EAGLEで使えるこの基板のデータをダウンロード・サービスで用意しています．詳細は巻末の付録（p.242）をご覧ください．

図2の回路図を元にしたプリント基板の部品配置図を**図7**に，部品表を**表4**に示します．太い線はジャンパ線です．コンデンサとレギュレータICは表面実装部品なので，基板のはんだ付け面に実装します．

基板製作と部品集めの手間をかけずにCPLDを学びたい人に向けて，このトレーニング基板の組み立てキットを用意しています．詳細は本章末のコラムをご覧ください．

● 組み立て手順

次の手順で進めると，製作しやすいと思います．

① 表面実装部品をはんだ付け面側に実装する

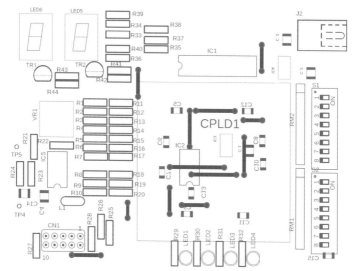

図7 EAGLEで出力した部品配置図
コンデンサとレギュレータICは基板のはんだ付け面に配置する

② ジャンパの配線を行う

③ 抵抗を実装する．抵抗のリード線を直角に曲げ穴に挿入してから基板を裏返せば固定されるので，そのままはんだ付けする

④ ICソケット類を実装する．ICソケットを基板に差し込んだら，対角の2ピンだけはんだ付けして固定する

⑤ 残りの部品は，背の低い順にはんだ付けする

⑥ ICソケットの全ピンをはんだ付けする

写真5に組み立てが完了した基板を示します．基板に配置したソケットへ，変換基板に実装したCPLDを差し込みます．ピン数が多いので，変換基板に取り付けるピンは，細い丸ピンを使わないと抜き差しできません．クリスタル発振器ICは，CPLD変換基板の下に配置しています．

表4 トレーニング基板に使用する部品

型番	種別	型番, メーカ	数量
$CPLD_1$	CPLD	MAX V 5M240ZT100C5N （変換基板に実装する）	1
IC_1	ドライバ	TBD62783APG	1
IC_2	発振器	SG-8002DC 4.194304MHz	1
IC_3	電圧レギュレータ	MCP1826S-1802E/DB マイクロチップ社	1
IC_4		MCP1826S-3302E/DB マイクロチップ社	1
IC_5	オペアンプ	MCP6022-I/P マイクロチップ社	1
Tr_1, Tr_2	MOSFET	2N7000	2
$LED_1 \sim LED_4$	発光ダイオード	赤 OSR5JA3Z74A	4
LED_5, LED_6	7セグメントLED	LA-401MN	2
VR_1	可変抵抗	10kΩ TSR3386K-EY5-103TR	1
$R_1 \sim R_9$	抵抗	10kΩ 1% 1/4W 金属皮膜MFS25	9
$R_{10} \sim R_{20}$		20kΩ 1% 1/4W 金属皮膜MFS25	11
R_{21}, R_{22}, R_{41}, R_{43}		2.2kΩ 1/6W	4
R_{23}, R_{24}, R_{42}, R_{44}		10kΩ 1/6W	4
$R_{25} \sim R_{27}$		5.1kΩ 1/6W	3
R_{28}		1kΩ 1/6W	1
$R_{29} \sim R_{32}$		470Ω 1/6W	4
$R_{33} \sim R_{40}$		47Ω 1/4W	8
RM_1, RM_2	抵抗アレイ	10kΩ×8	2
$C_1 \sim C_4$	チップ・コンデンサ	10μF 25V 3225/3216サイズ	4
$C_5 \sim C_{13}$, C_{15}		1μF 16Vor25V 2012サイズ	10
C_{14}		47μF 16V 3225/3216サイズ	1
L_1	コイル	47μH アキシャル・リード型	1
SW_1, SW_2	DIPスイッチ	8ピン EDS108SZ	2
TP_4, TP_5	テスト・ピン		2
CN_1	ヘッダ・ピン	角ピンヘッダ5×2列	1
J_2	DCジャック	2.1mm標準ジャック	1
	ICソケット	8ピン	2
		18ピン	1
	ヘッダ・ソケット	13×2列 丸ピン・ヘッダ・ソケット 40×2列を切断して使う サトー電気	4
	ヘッダ・ピン	13×2列 丸ピン・ヘッダ 40×2列を切断して使う サトー電気	4
	基板	P10K感光基板	1
	変換基板	100ピンTQFP AE-QFP100PR5-DIP （秋月電子通商）	1
	ゴム足	透明ゴム・クッション	4

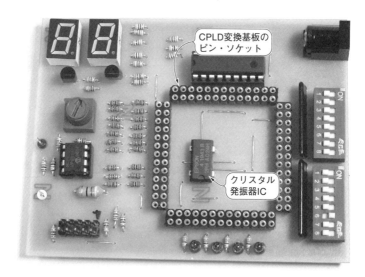

写真5 トレーニング基板の部品実装面

写真6は,基板のはんだ付け面です.表面実装部品の電圧レギュレータは,はんだ付け面に配置しました.チップ・コンデンサも同様です.

動作確認

● 電源を入れたら発熱部品がないか確認する

基板の組み立てが完了したら,CPLDは実装しないで,ACアダプタを接続します.手で触って熱くなっている部品がないかどうかをチェックします.もし熱くなっている部品があったら,すぐにACアダプタを抜きます.

● 動作不良時のチェック項目

発熱していたら,何らかの実装間違いか,はんだ付け不良があ

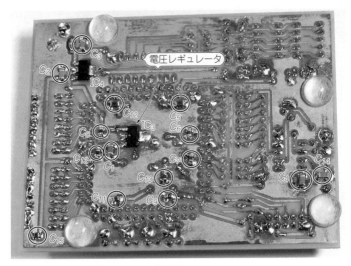

写真6　トレーニング基板のはんだ付け面
部品の取り付け位置を示す

るということなので，念入りに調べます．特に次の点をチェック
します．

① ICなどの向きが逆になっていないか
② はんだブリッジはないか
③ 電源とGNDがショートしていないか
④ 抵抗値は間違っていないか

　発熱もなく特に問題がなければ，テスタで電源電圧の3.3Vと
1.8Vが正常に出ていることを確認します．この電源が異常だと，
CPLDを壊す恐れがあります．十分チェックしてください．
　以上が正しくできていれば，基板単体は完成です．

コラム　表面実装パッケージのICは変換基板で下ごしらえ

　100ピンのTQFPをできるだけ簡単に使うため，**写真A**のような変換基板を使います．各辺が26ピンとなっていて，CPLDより1ピンずつ多くなっています．余剰ピンを電源とGNDピンとして使えるので，パターンを通しやすくなります．

　変換基板のはんだ付けを頑張れば，CPLD本体と変換基板，シリアル・ピンヘッダを含めても1000円程度でき上がります．

　この変換基板は，秋月電子通商で購入できます．

0.5mmピッチQFP（100ピン）変換基板［AE-QFP100PR5-DIP］

（a）表面側

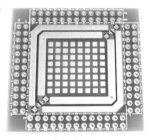

（b）裏面側

（c）CPLD実装後

写真A　CPLDを扱いやすくする変換基板

100ピン以上でも美しい仕上がり！
TQFPパッケージのはんだ付け

　本書で使うCPLDは，100ピンTQFPパッケージです．市販されている変換基板のIC端子部は，金めっき処理が施されています．滑りが良く楽に位置合わせできるため，意外と簡単にはんだ付けができます（**写真1**）．

　はんだやはんだこてのほかに，拡大ルーペ（10倍以上，ネガ・フィルム用など），フラックス，はんだ吸い取り線，フラックス洗浄剤と綿棒を用意しておきます．

▶手順1　位置合わせ

　変換基板のピンどおりに，間違えないようにCPLDをセットします．指でICを軽く押さえながら微妙に動かして，4面ともピン位置がパターンにピッタリ合うように調整します．拡大ルーペで見ながら確認します（**写真2**）．

▶手順2　仮固定

　いずれかの端の数ピンだけ，仮固定ではんだ付けします（**写真3**）．はんだ付けをやり直しながら，細かな位置修正を行います．

写真1　変換基板にはんだ付けをしたCPLD

ルーペで拡大して見ながら正確に位置を合わせる

写真2　正確な位置合わせには拡大ルーペを使う

ICピンの位置を，変換基板のパターンと4面とも確実に合わせてください.

▶手順3　フラックスを塗布してはんだ付け

　位置合わせができたら，対角のピン（1ピンと51ピン，26ピンと76ピン）をはんだ付けして固定します．次に，はんだ付けしていないすべての面をはんだ付けします．フラックスを塗布して，はんだがピンとパターンに十分流れるようにします．ピン間がブリッジしても気にせず，十分な量のはんだを盛るように4面ともはんだ付けします（写真4）．

写真3　1カ所だけはんだ付けして位置を合わせフラックスを塗る
拡大ルーペも使いながら4面ともぴったりに合わせる

写真4　多めのはんだで確実にはんだ付けする
対角2辺を固定したのち，残りの2辺からはんだ付けしていく．はんだブリッジは後で除去するので気にしない

▶手順4　余分なはんだとブリッジの除去

　はんだ吸い取り線を使って，余分なはんだを除去します(**写真5**)．吸い取り線は，幅が1.5mmか2mm程度の細いタイプが作業しやすいでしょう．はんだ吸い取り線にはフラックスが含まれているので，余分なはんだを良好に吸い取り，ブリッジも除去できます．

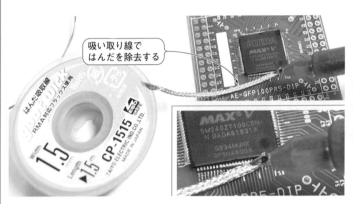

写真5　吸い取り線で余分なはんだを除去する

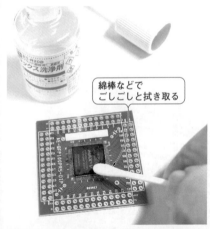

写真6　フラックス洗浄剤で基板をきれいにした後に基板を確認する

▶手順5　洗浄とチェック

　フラックスで汚れるので，洗浄液と綿棒を使って基板をきれいに拭き取ります（**写真6**）．拡大ルーペを使って，ブリッジやはんだくずなどがないかを念入りにチェックします．照明にかざすと見つけやすいでしょう．

▶手順6　ピン・ヘッダの装着

　基板の周囲に丸ピン・ヘッダをはんだ付けします（**写真7**）．23ピン2列は入手しにくいので，40ピン2列をカッターなどで切断して使います．

（a）ピン・ヘッダを取り付けた変換基板

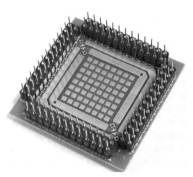

（b）ソケットに差し込みやすいように細い丸ピンを選ぶ

写真7　変換基板にピン・ヘッダのはんだ付けを行う

コラム　トレーニング基板キット頒布のご案内

　本章で紹介したトレーニング基板のキットを用意しています.
CPLDの変換基板へのはんだ付けは済んでいますが, その他の部品は, はんだ付けが必要です.

　CQ出版社のWebショップよりお求めいだだけます.

新人教育用 MAX Vトレーニング
［組立キット］
MAX5-TG2 価格11,000円（税込）

https://shop.cqpub.co.jp/hanbai/books/I/I000330.html

　MAX Vと変換基板のみのモジュール・キットも用意しています.

新人教育用 MAX Vモジュール
［組立キット］
MAX5-TG1 価格4,950円（税込）

https://shop.cqpub.co.jp/hanbai/books/I/I000329.htm

第2章　トレーニング基板を使った工作の第一歩

4秒周期でLチカ!
16進カウントアップ・インジケータ

74シリーズのTTLロジックを使って設計した回路を，トレーニング基板のCPLDに書き込んで，動作させます．最初のテーマはバイナリ・カウンタです．

バイナリ・カウンタの出力にLEDを接続し，回路の動作状態を目で見えるようにします．4Hzのクロックでカウント・アップする，4秒周期の16進カウンタです．

製作

● 一定周期でLEDが点滅する回路

バイナリ・カウンタを使って，カウント中の状態を4個のLEDで表示します(写真1)．目視で回路の動作状態がわかるように，4Hzでカウント・アップします．

回路構成を図1に示します．クロック源となる発振器から，4.194304MHzのパルスが出力されます．このパルスを，4ビット・バイナリの6段直列接続の構成で，カウント・ダウンします．

1ビットごとに1/2にカウント・ダウンされ，最後は2Hzから0.25Hzになります．出力にLEDを接続すれば，回路の動作状態が目視できます．ちょうど4Hzのクロックでカウント・アップする16進インジケータとして見えます．

● 回路図の作成

本章のプロジェクトは次の条件で作成します．

写真1　トレーニング基板を使って4個のLEDで表す16進カウントアップ・インジケータ・ロジック回路を製作

吹き出し：この4個のLEDを4秒の一定周期で点滅させる

- プロジェクト名：Counter1
- 格納ディレクトリ：D:￥RedBook_CPLD￥Counter1
- デバイス：5M240ZT100C5N

　プロジェクトを生成したら，CPLD内部の回路図をICブロックで作成します．TTLのバイナリ・カウンタには，7493と74393があります．74393は7493が2組実装されたICなので，74393を3個使って全体回路が構成できます．作成した回路図を，図2に示します．74393ブロックを3個直列接続しただけです．CLRピンは使わずGNDに接続します．

● 分析と合成，ピン割り付け

　回路図ができたら，分析と合成(準備編第3章を参照)を実行します．正常に合成が完了したら，ピンの割り付けを実行します．

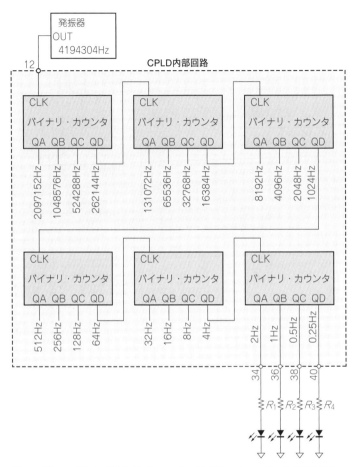

図1　4連LEDで表す16進カウントアップ・インジケータ・ロジックの回路構成
発振器からクロック信号を入力して4ビット・バイナリの6段直列接続の構成でカウント・ダウン

　Pin Plannerを起動して，「Location」欄でピンを設定します（**図3**）．ピン番号は，回路図と合わせます．ピン割り付けをすると，CPLDの回路図にピン番号が追加されます（**図4**）．

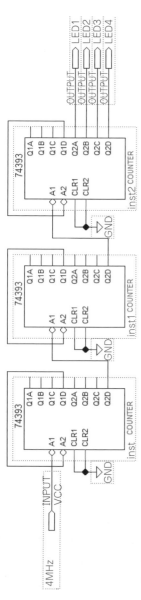

図2 TTLベースのICブロックで作成した回路図
TTLのバイナリ・カウンタを2個実装したICを3個直列接続して構成

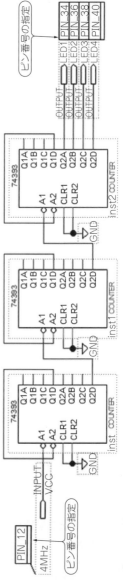

図4 ピン割り付けをすると回路図にピン番号が追加される

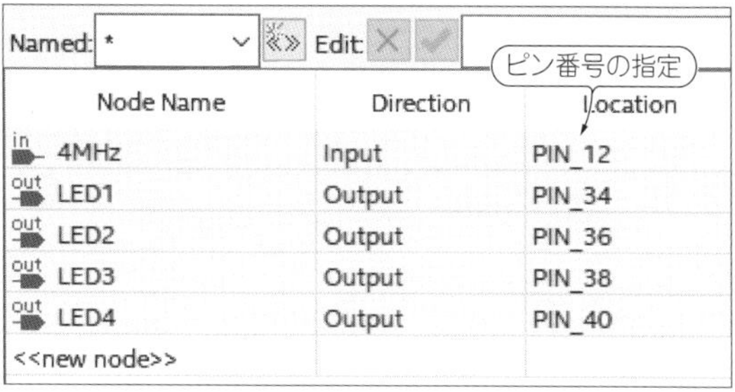

Node Name	Direction	Location
in 4MHz	Input	PIN_12
out LED1	Output	PIN_34
out LED2	Output	PIN_36
out LED3	Output	PIN_38
out LED4	Output	PIN_40
<<new node>>		

Named: * 《》 Edit ✕ ✓ （ピン番号の指定）

図3　メイン・メニューにある Pin Planner を起動して Location 欄でピンを設定する

書き込みと動作確認

● コンパイルと書き込み

　ピン割り付けができたら，コンパイルを実行します．Error が0になっていることを確認します．正常にコンパイルが終了したら，Programmer を起動して書き込みを実行します．

　書き込みの手順は，**図5**のように行います．

① 書き込みツール(USB Blaster または互換品)をパソコンに接続してから Programmer を起動すると，自動的にツールが選択される．ここが空欄になっている場合は，「Hardware Setup」ボタンをクリックして「USB Blaster」を選択する

② 「Auto Detect」をクリックして，書き込み対象を選択する

③ これで正常に接続できていれば，CPLD の図中に青い三角マークが表示され，上の欄にリストが表示される

④ このリストにチェックを入れる

⑤ ［Start］ボタンで書き込みを開始する

⑥ 100％になれば正常に書き込み完了

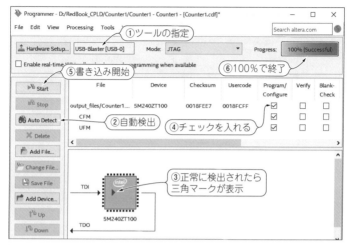

図5　正常にコンパイルが終了したら Programmer を起動して手順通りに書き込みを実行する

● 動作確認

　LEDが期待どおりにカウント動作をするかどうかを確認します.
4秒周期の16進カウンタになっていれば, 正常です.

[製作編]

第3章　スタティック/ダイナミック方式で数値を表示

7セグメントLED点灯制御ロジック

　本章では，トレーニング基板に装備されている7セグメント LEDの点灯制御回路を製作します．LEDの点灯方式には，スタティック制御とダイナミック制御の2種類があります．

　スタティック制御は，すべてのLEDを常時点灯させる方式です．ここでは，1けたの7セグメントLEDに，0から9までの数値を1秒間隔で切り替えながら常時表示させます．

　ダイナミック制御は，点灯させるLEDを高速に切り替える方式です．ここでは，2けたの7セグメントLEDを順番に点灯させて，0から99までの数値を0.25秒（4Hz）間隔で表示させます．

スタティック制御で1けたの7セグメントLEDに数字を表示する

　1けた目の7セグメントLEDを，常時表示する制御です（**写真1**）．0から9までの数字を，1秒間隔で順番に表示させます．

● 回路構成

　図1に示すのは，7セグメントLEDのスタティック制御方式の回路構成です．4.194304MHzのクロックをもとに，1Hzの出力で数値を順番にカウント・アップします．

　10進カウンタを使って，0から始めて9まで進んだら0に戻します．この10進カウンタの出力を，表示する数値として使います．

　数値を7セグメント駆動データに変換するには，TTLのセグメント・デコーダを使います．1けただけのスタティック制御なので，1つのけた制御信号を常時オンにします．

写真1　トレーニング基板の7セグメントLEDに数字を表示する
1けたの数字を常時表示するスタティック制御と、2けたの7セグメントLEDを1けたずつ順番に点灯表示するダイナミック制御が試せる

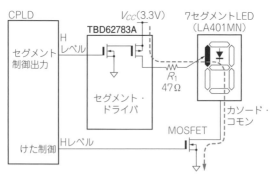

図2　7セグメントLEDの指定したセグメントにドライバICを介して電流が流れて点灯する

　トレーニング基板では、7セグメントLEDは指定セグメントに電流が流れて点灯します(**図2**)。CPLDからのセグメント制御出力がHレベルとなると、ドライバIC(TBD62783A)の3.3V電源ピ

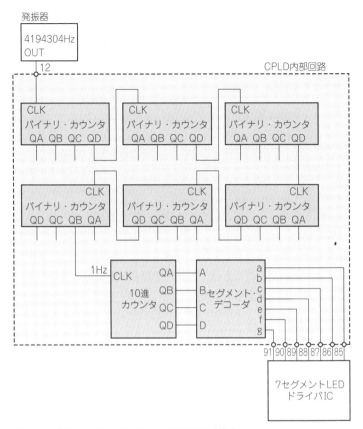

図1 7セグメントLEDのスタティック制御の回路構成

ンからLEDのセグメントに電流を供給します．さらに，CPLDか
らけた制御信号にHレベルが出力されると，トランジスタがON
となって7セグメントLEDのコモン・ピンをLレベルに駆動し，
セグメントに流れる電流をグラウンドに戻します．これでセグメ
ントに電流が流れて点灯します．

　流れる電流は抵抗で制限されます．抵抗値は，次のように求め

ます.

> 抵抗値＝
>
> （3.3 V − ドライバON電圧降下 − LED順方向電圧 − トラン
> ジスタON電圧）÷ 電流

ドライバON電圧は，TBD62783AのON時のVDSが100mA
で0.16 Vなので，電流はこれより少ないため約0.1 Vとします．ト
ランジスタのON電圧はほぼ0 Vです．LEDの順方向電圧は，デ
ータシートのFig 1より，電流が10 mA時に約2.1 V，多めの
20 mAとすると約2.23 Vとなります．

これらの値を上の式に当てはめると，電流が10 mAのときは抵
抗値≒100 Ωとなり，20 mAのときは抵抗値≒50 Ωとなります．

スタティック駆動のときは10 mAでもよいのですが，後述する
ダイナミック制御のときは，10 mAでは表示が暗くなってしまい
ます．そこで，最大値の20 mA近辺にします．

従って，抵抗値は標準値の47 Ωか51 Ωとします．

● 回路図の作成

プロジェクトは次の条件で作成します.

- プロジェクト名：StaticLED
- 格納ディレクトリ：D:¥RedBook_CPLD ¥StaticLED
- デバイス：5M240ZT100C5N

次に，TTLベースのICブロックで回路図を作成します．バイ
ナリ・カウンタ部は製作編第2章と同じ構成なので，コピー＆ペ
ーストして使えます．

TTLの10進カウンタには，7490という単純な10進カウンタを
使います．7490は，2進カウンタと5進カウンタを内蔵していま
す（図3）．入力クロックを2進カウンタに入力し，2進カウンタの

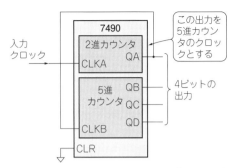

図3　10進カウンタとして使える7490ブロックの内部構成

出力を5進カウンタ側のクロックに接続すると10進カウンタとして使えます.

　セグメント・デコーダには,アノード・コモン用で駆動セグメントがLレベルになる7446/7447/74246/74247と,カソード・コモン用で駆動セグメントがHレベルになる7448/7449/74248/74249があります.今回はカソード・コモン用の74248を使います.

　図4に74248の回路図記号,表1に真理値表を示します.ABCDの入力に4ビットの10進数を入力すると,それに合わせた7セグメントのデータに変換されて出力されます.点灯させるときは,セグメントがHレベルになります.この出力を,そのままドライ

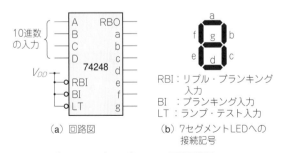

図4　7セグメント・デコーダ74248の回路図記号

表1 7セグメント・デコーダ74248の真理値表

10進数またはファンクション	入力 LT	入力 RBI	入力 D	入力 C	入力 B	入力 A	BI/RBO	出力 a	出力 b	出力 c	出力 d	出力 e	出力 f	出力 g
0	H	H	L	L	L	L	H	H	H	H	H	H	H	L
1	H	X	L	L	L	H	H	L	H	H	L	L	L	L
2	H	X	L	L	H	L	H	H	H	L	H	H	L	H
3	H	X	L	L	H	H	H	H	H	H	H	L	L	H
4	H	X	L	H	L	L	H	L	H	H	L	L	H	H
5	H	X	L	H	L	H	H	H	L	H	H	L	H	H
6	H	X	L	H	H	L	H	L	L	H	H	H	H	H
7	H	X	L	H	H	H	H	H	H	H	L	L	L	L
8	H	X	H	L	L	L	H	H	H	H	H	H	H	H
9	H	X	H	L	L	H	H	H	H	H	L	L	H	H
10	H	X	H	L	H	L	H	L	L	L	H	H	L	H
11	H	X	H	L	H	H	H	L	L	H	H	L	L	H
12	H	X	H	H	L	L	H	L	H	L	L	L	H	H
13	H	X	H	H	L	H	H	H	L	L	H	L	H	H
14	H	X	H	H	H	L	H	L	L	L	H	H	H	H
15	H	X	H	H	H	H	H	L	L	L	L	L	L	L
BI	X	X	X	X	X	X	L	L	L	L	L	L	L	L
RBI	H	L	L	L	L	L	L	L	L	L	L	L	L	L
LT	L	X	X	X	X	X	H	H	H	H	H	H	H	H

（数値の入力）　（セグメントの駆動出力）

バICの入力（CPLDの出力ピン）に接続します．リプル・ブランキングおよびブランキングとランプ・テストは使わないので，VDDにプルアップしておきます．

こうして作成した回路図を**図5**に示します．74393の部分は，製作編第2章と同じです．この回路図は，ピン割り付け完了後のものです．右側が，セグメント駆動とけた駆動の出力ピンです．LED1への出力は，動作確認用です．

● **ピン割り付けと書き込み**

分析と合成を実行して，ピン割り付けを行います．このあととコンパイルを実行して，Programmerを起動して書き込みます．

● **動作確認**

書き込みが完了すれば，すぐに動作を開始します．指定した側のけたに，0から9までの数値を1秒間隔で表示していれば正常です．

2けたの7セグメントLEDをダイナミック制御する

1けたの7セグメントLEDの点灯制御の次は，複数けたの表示制御です．トレーニング基板の2けた7セグメントLEDの制御を行い，単純に0から99までの数値を0.25秒（4Hz）間隔で表示させます．

● **回路構成**

図6に，ダイナミック点灯制御の回路構成を示します．スタティック制御に比べると，かなり複雑な構成になります．

4.194304MHzのクロックを，製作編第2章の**図1**と同じ構成で周波数を下げ，4Hzの出力で数値を順番にカウント・アップさせ

117

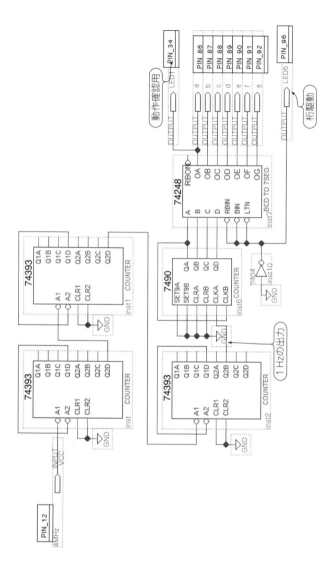

図5 7セグメントLEDに1けたの数字を表示させるスタティック点灯制御回路

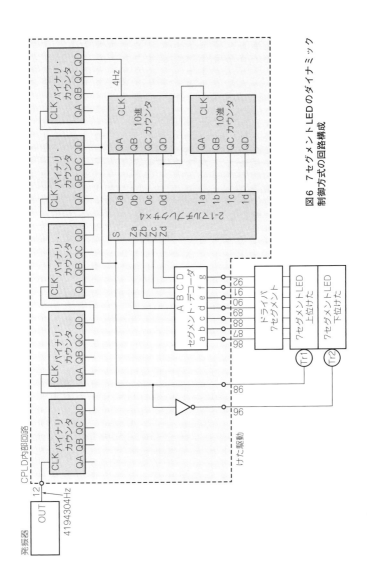

図6 7セグメントLEDのダイナミック
制御方式の回路構成

119

ます．0から99まで表示させるため100進カウンタにします．ここでは10進カウンタを2個直列にして構成し，2個のカウンタの出力が2けたを表示する数値になります．

　数値を7セグメント駆動データに変換するには，TTLのセグメント・デコーダを使いますが，これは1個しか使いません．なぜなら，2個の7セグメントLEDの各セグメントはすべて互いに接続されていて，1系統しかないからです．

　点灯させるけたは，2つのけた制御信号で選択します．このけた制御信号を高速で切り替え，下位と上位を交互に切り替えて表示させます．この切り替え信号には，バイナリ・カウンタの途中の64Hzの信号を使いました．

　けたの切り替えに合わせて，上位のカウンタの出力と下位のカウンタの出力とを切り替えて，セグメント・デコーダに出力します．この役割を行うのが，4組の2-1マルチ・プレクサ（セレクタとも呼ぶ）です．けた切り替え信号と同じ信号で，表示する数値を切り替えます．これで，上位数値と下位数値が，交互にセグメント・デコーダに出力されます．

　瞬間的には1けたしか点灯していませんが，高速に行うと人間の目の残像現象により，静止した2けたの信号として見えます．

　7セグメントLEDは，図7に示すように指定したけたの指定セグメントに電流が流れて点灯します．CPLDからのセグメント制御出力がHレベルとなると，ドライバIC（TBD62783A）の3.3V電源ピンから，LEDのセグメントに電流を供給します．電流値は抵抗で制限されます．

　さらに，CPLDからいずれかのけた制御信号にHレベルが出力されると，トランジスタがONになって指定けたの7セグメントLEDのコモン・ピンをLレベルに駆動し，セグメントに流れる電流をグラウンドに戻します．これで，指定けたの指定セグメントに電流が流れて点灯します．

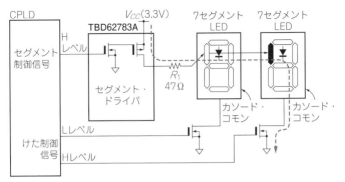

図7 7セグメントLEDの指定したけたのセグメントにドライバを介して電流が流れて点灯する

　両方のけた制御信号を同時にONにすると，2けたとも同じ値が表示されます．

● 回路図の作成

　プロジェクトは次の条件で作成します．

- プロジェクト名：DynamicLED
- 格納ディレクトリ：D:¥RedBook_CPLD¥DynamicLED
- デバイス：5M240ZT100C5N

　プロジェクトを作成したら，CPLDの回路図を作成します．TTLベースのICブロックで，回路図を作成します．バイナリ・カウンタ部は前章と同じ構成で，最後のカウンタを1個省略しています．

　TTLの10進カウンタも，7490ブロックを2個直列接続します．セグメント・デコーダも同じ74248ブロックを使います．

　セグメント・デコーダの前段の2-1マルチ・プレクサには，TTLの中に図8のような74157というマルチ・プレクサがあります．表2に示した真理値表を見ると，EピンがLレベルのとき，S

121

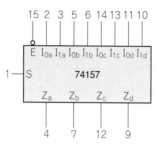

図8 2-1マルチ・プレクサ74157
のピン配置

表2 2-1マルチ・プレクサ74157の真理値表

イネーブル	入力選択	入力		出力
E	S	I0	I1	Z
H	X	X	X	L
L	H	X	L	L
L	H	X	H	H
L	L	L	X	L
L	L	H	X	H

ピン入力のHレベルかLレベルで入力のI1側かI0側が選択され
てZピンに出力されます．これが4組実装されているため，今回
の目的はこのIC1個だけで実現できます．

こうして作成した回路図を，図9に示します．74393の部分は前
章と同じです．Quartusにも，TTLと同じ74157ブロックが用意
されています．回路図はピン割り付け完了後のものです．

書き込みと動作確認

● ピン割り付けと書き込み

分析と合成を実行して，ピンを割り付けます．このあとコンパ
イルを実行してProgrammerを起動して書き込みます．

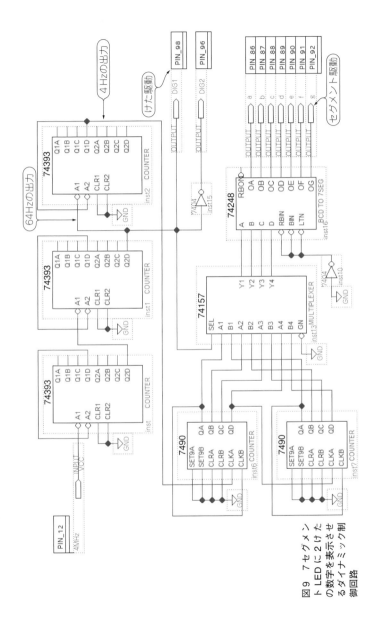

図9 7セグメントLEDに2けたの数字を表示させるダイナミック制御回路

123

● 動作確認

 書き込みが完了すれば，すぐに動作を開始します．下位けたが4Hzの速さでカウントアップし，上位けたも連動してカウントアップして，0から99までカウント・アップすれば動作は正常です．

第4章　矩形波と三角波を生成

カウンタとD-Aコンバータで波形出力

　本章では，D-Aコンバータを制御する回路を製作して矩形波や三角波を出力し，オシロスコープで波形を確認します．

　矩形波の生成は，発振器からのクロックを分周して作られた1.024kHzのパルスを使います．Hレベルのビット列とLレベルのビット列をANDとインバータ回路で構成して，交互に切り替えてD-Aコンバータに入力します．

　三角波の生成には，発振器からのクロックを分周して作られた524.288kHzのパルスをアップ・ダウン・カウンタで計数し，最大値またはゼロ時に発生する信号を使ってアップとダウンを切り換えます．このアップとダウンの状態は，フリップフロップで保持します．カウンタの出力はD-Aコンバータに入力されるので，アップ・カウント時には電圧は上昇し，ダウン・カウント時には電圧は下降します．

　これらのカウンタやAND，インバータ，フリップフロップなどの制御回路を，CPLDに実装します．

矩形波出力ロジックの製作

● 2種類の電圧を一定周期で切り替えて出力

　トレーニング・ボードには，R-2R抵抗ラダーによる10ビット分解能のD-Aコンバータと出力アンプを実装しています（**写真1**）．これを使って，1.024kHzの矩形波を出力します．矩形波の出力は，2種類の一定電圧を一定周期で切り替えればできます．

　回路構成を**図1**に示します．クロック源となる発振器が出力す

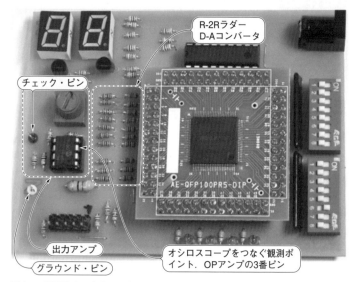

写真1 矩形波と三角波を出力するD-Aコンバータとカウンタ回路を製作する

る4.194304 MHzを分周して, 1.024 kHzのパルスを作ります.

▶矩形波のHレベルとLレベルに2種類のビット列

D-Aコンバータの矩形波生成には, 10ビットのデータ, 例えば
0x300と0x080の2種類の一定値に対応した電圧値を1.024 kHzの
信号で切り替えて出力し, 1.024 kHzの矩形波とします.

この2種類の値は, D-Aコンバータへの入力のH/Lレベルを切
り替えるだけなので, **図1**のようにANDゲートだけで構成でき
ます. 1.024 kHzのパルスがHレベルの間は左側のANDゲートの
出力がHレベルになり, 0x300に対応した電圧が出力されます.
パルスがLレベルの間は右側のANDゲートの出力がHレベルに
なり, 0x080に対応した電圧が出力されます.

フルスイングさせるには0x3FFと0x000で切り替えることに
なるのですが, 次段に接続されるOPアンプの特性を考慮して,

126

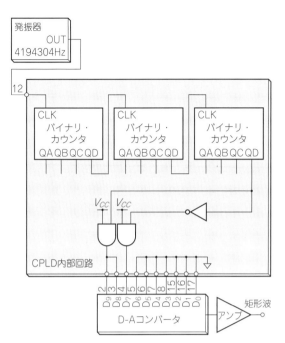

図1　矩形波出力の全体回路図
発振器からのパルスをバイナリ・カウンタでカウント・アップし，2種類のビット列の差分を交互にD-Aコンバータに入力する

フルスイングより少し内側の電圧範囲でスイングします．

● CPLDの回路図の作成

本節のプロジェクトは，次の条件で作成します．

プロジェクト名　　：Rectangle
格納ディレクトリ：D:¥RedBook_CPLD¥Rectangle
デバイス　　　　　：5M240ZT100C5N

プロジェクトを生成したら，**図2**に示すように，CPLD内部の回路図をTTLベースのICブロックで作成します．

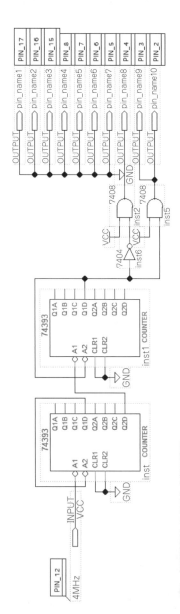

図2 矩形波出力のCPLD内部回路図
内部回路はバイナリ・カウンタを2組実装したICを2個直列接続し、1.024kHzの分周出力とその反転に対応したAND回路で構成する

128

▶バイナリ・カウンタには74393

　バイナリ・カウンタ部は，4MHzから1kHzまで分周するだけなので，12ビットのバイナリ・カウンタで済みますから，2個の74393ブロックでできます．これで1.024kHzまで分周し，この出力で0x300と0x080を切り替えて，D-Aコンバータに入力します．

● 分析と合成，ピン割り付け，コンパイルと書き込み

　回路図ができあがったら，分析と合成を実行します．正常に合成が完了したら，ピンの割り付けを実行します．

　[製作編] 第2章で実行したように，Pin Plannerを起動してLocation欄でピンを設定します．ピン番号は，回路図と合わせます．ピン割り付けをすると，CPLD回路図のほうに**図2**のようなピン番号が追加されます．

　そのあとコンパイルを実行し，正常であればProgrammerを起動して書き込みを実行します．

● 動作確認

　書き込みが完了すれば，すぐに動作を開始します．動作の確認には，オシロスコープが必要です．1.024kHzの矩形波ですから，パソコンを使ったフリーの波形表示ソフトでも構いません．

　オシロスコープのプローブをトレーニング基板のD-Aコンバータの出力(OPアンプの3番ピン)に接続して，波形を観測します．

　D-Aコンバータ出力に，0.4Vと2.5Vの矩形波が表示されていれば正解です(**図3**)．この電圧は，次のようにして求められます．

$$V_H = 3.3\,V \times (0x300 \div 0x3FF)$$
$$= 3.3\,V \times (768 \div 1023)$$
$$\fallingdotseq 2.48\,V$$

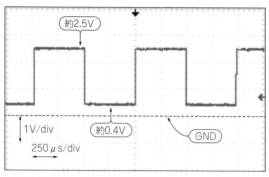

図3 0.4Vと2.5Vの2つの電圧値を取る1.024kHzの矩形波
オシロスコープのプローブでD-Aコンバータの出力波形を確認する

$$V_L = 3.3\,\mathrm{V} \times (0\mathrm{x}080 \div 0\mathrm{x}3\mathrm{FF})$$
$$\quad = 3.3\,\mathrm{V} \times (128 \div 1023)$$
$$\quad \fallingdotseq 0.4\,\mathrm{V}$$

OPアンプの出力，つまりチェック・ピンには0V中心の交流として出力されますが，振幅は可変抵抗で0Vから約4Vまで調整できます．

三角波出力ロジックの製作

● カウンタで周期を設定する三角波出力

三角波の出力は，電圧を一定間隔で増加し最大値になったら減少させ，最小値になったら増加に戻るということを繰り返す動作です．カウンタの値と出力電圧が比例するので，カウンタの値が増加するとき出力電圧は増加し，カウンタの値が減少するときは出力電圧は減少します．

この三角波を，D-Aコンバータの上位8ビットを使って生成します．**図4**の回路図構成に示すように，D-Aコンバータの10ビットのデータの下位2ビットは常時0とし，0x000から0x3FCまで

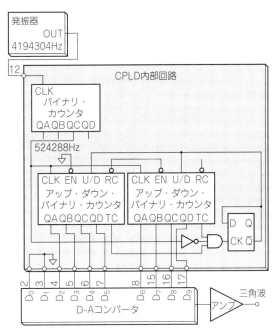

図4　三角波出力の全体の回路図
発振器からのパルスを分周して作られた524288Hzパルスを，アップ・
ダウンできる同期式バイナリ・カウンタに入力し，それらをD-Aコンバ
ータに入力する

上げ下げして三角波にします.

▶同期式バイナリ・カウンタを使用

　アップ・ダウンできる4ビット同期式バイナリ・カウンタを，2
個直列接続して8ビット・アップ・ダウン・カウンタとし，8ビッ
トのデータを生成します.　この直列接続には，同期式の特徴であ
るすべての内部フリップフロップが同じクロック信号で動作して
いて，フルカウントまたは0になるとRC信号がLレベルになり
ます.　この信号を上位側のEN信号に接続すれば，下位側がフル
カウントになったとき，またはカウント・ダウンで0になったと
きだけ上位側がカウント・アップまたはダウンします.

131

ここで，通常のカウンタのように下位側のQDを上位側のクロックにしなかったのは，D-Aコンバータへの接続ラインに他の信号が接続されていると，出力波形にノイズが含まれるためです．

この8ビットのカウンタを，$1.024\,\text{kHz} \times 256 \times 2 = 524.288\,\text{kHz}$の周波数で動作させれば，アップとダウン両方で1サイクル $1.024\,\text{kHz}$ の三角波が生成できます．

▶フリップフロップでカウント・アップとダウンを切り替える

アップ・カウントとダウン・カウントを切り替える方法です．このアップ・ダウン・カウンタは，カウントが最大になったときと最小になったときにTCの信号がHレベルとなります．そこで，両方のカウンタのTCがHレベルになったとき，クロック・パルスの立ち下りでフリップフロップが反転するようにして，その出力をアップ・ダウン切り替えの信号としてU/D端子に入力します．

これで，0からアップ・カウントを始め，フルカウントになると最後のクロックの後半でフリップフロップが反転するので，次のクロックからダウン・カウントに切り替わります．同様に，ダウン・カウントして両方が0になると，最後のクロックの後半でフリップフロップが反転しますから，次のクロックからアップ・カウントすることになります．

こうしてアップ・ダウンを繰り返します．このカウンタの出力をD-Aコンバータに入力すれば三角波が出力できます．

● CPLDの回路図の作成

本節のプロジェクトは，次の条件で作成します．

プロジェクト名：Triangle
格納ディレクトリ：D:¥RedBook_CPLD¥Triangle
デバイス：5M240ZT100C5N

プロジェクトを生成したら，次はCPLD内部の回路図を，TTL
ベースのICブロックで作成します．作成したCPLD回路図を**図5**
に示します．

▶ **4MHzから512kHzまで分周する1/2個の74393**

　バイナリ・カウンタ部は，4MHzから512kHzまで分周するだ
けです．3ビットのバイナリ・カウンタで済むので，74393ブロッ
ク1/2個でできます．

▶ **同期式バイナリ・アップ・ダウン・カウンタには74191**

　同期式バイナリ・アップ・ダウン・カウンタには，74191を使
います．この2個を，RCON出力とGN入力（RCとENに相当）を
使って，直列接続します．

　MXMNピンがTCピンに相当するので，これを3入力ANDの
7411に入力し，クロックとなる信号を反転して同じ3入力AND
に入力します．これで最後のクロックの中央でフリップフロップ
が反転することになり，フリップフロップの出力は，次のクロッ
クの立ち上がりより先に反転します．このフリップフロップの出
力をDNUPピン（U/Dに相当）に接続して，アップ・ダウンの制御
を行います．**図5**の回路図は，ピン割り付けが完了した後のもの
です．

● **分析と合成，ピン割り付け，コンパイルと書き込み**

　回路図ができあがり，分析と合成を実行して正常であれば，ピ
ン割り付けを行います．

　そのあと，コンパイルを実行して正常であればProgrammerを
起動して書き込みを実行します．

● **動作確認**

　書き込みが完了すれば，すぐに動作を開始します．動作の確認
にはオシロスコープが必要です．1.024kHzの三角波なので，パソ

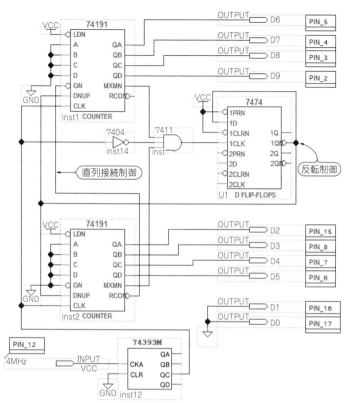

図5 三角波出力のCPLD内部回路図
クロック入力をバイナリ・カウンタで8分周し, 2連の4ビット同期式アップ・ダウン・カウンタに入力し, アップまたはダウンの状態はフリップフロップに記憶する

コンを使ったフリーの波形表示ソフトでも構いません.

　オシロスコープのプローブを, トレーニング基板のD-Aコンバータの出力(OPアンプの3番ピン)に接続して, 波形を観測します.

　D-Aコンバータに**図6**に示すような, 0Vと3.3Vの三角波が出力していれば正解です. 周波数が1.024kHzではなく1.028kHzと

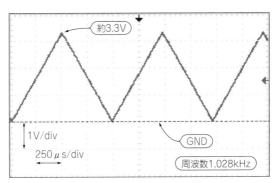

図6 周波数1.028kHzで0Vから3.3Vまでの三角波
オシロスコープのプローブでD-Aコンバータの出力波形を確認する

微妙に異なりますが，これはアップとダウンが切り替わる際にいずれも1クロック分だけ少なくなるためです．このため524288÷510≒1028Hzになります．

第5章　Excelを利用して信号のデータを生成する

分解能1Hzの
正弦波ダイレクト・ディジタル・シンセサイザ

本章では，トレーニング基板に搭載しているCPLD内蔵のフラッシュ・メモリを利用して，正弦波を生成してみます．**表1**に本器のスペック，**図1**に製作した正弦波ダイレクト・ディジタル・シンセサイザ（DDS：Direct Digital Synthesizer）の出力波形を示します．1kHzまで，ひずみのない正弦波が出力されています．

本器を製作するにあたり，開発環境Quartus Prime Liteに実装しているMegaFunctionという高機能モジュールも利用します．本モジュールの詳細なドキュメントは，Webサイト上にもありません（2021年1月現在）．ここでは，そのモジュールの基本的な使い方も解説します．本テクニックは，上位製品のMAX 10などで数MHzの正弦波を生成するときの基本にもなります．

回路検討

● MAX V内蔵フラッシュ・メモリのアクセス・タイムで最高周波数と分解能が決まる

本器を製作するときは，MAX V内蔵のフラッシュ・メモリを

表1　本器の目標スペック

項　目	スペック	備　考
周波数範囲	1Hz～2.0kHz	1Hz単位で設定可能
分解能	512：～255Hz	周波数精度は50ppm
	256：～511Hz	
	128：～1023Hz	
	64：～2047Hz	
出力電圧	最大4V$_\text{P-P}$（交流）	可変抵抗で0Vから可変
電源	5V DC	ACアダプタで供給

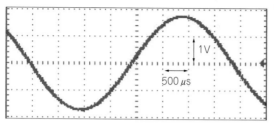

(a) 256Hzを出力中

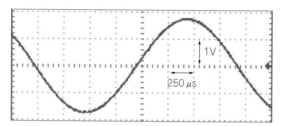

(b) 512Hzを出力中

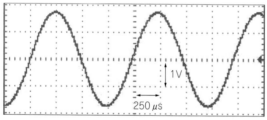

(c) 1kHzを出力中

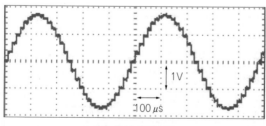

(d) 2kHzを出力中

図1 MAX Vに内蔵されているフラッシュ・メモリを利用すると，正弦波ディジタル・シンセサイザがシンプルに作れる

138

利用します．本メモリのスペックは次のとおりです．

- 最大容量：16ビット/ワード×512ワード(ビット長は設定可能)
- アクセス・タイム：約6 μs

6 μsは周波数では約166 kHzになります．これ以上の周波数ではメモリに書き込まれている内容を読み出せません．この値を超えない2の倍数の最大周波数は，131072($= 2^{17}$)です．したがって，131072 Hz以下で動作させる必要があります．

512分解能で正弦波を生成する場合，周波数は256 Hz($= 131072$ Hz÷512)となるので，256 Hz以上の周波数では512分解能は出せません．64分解能にする場合，8倍の2.048 kHzが上限です．

ここでは内蔵メモリを利用するので，これらの条件で進めます．

● 本器の全体構成

図2に本器の全体構成を示します．CPLDの外部に接続する部品や回路は，周波数設定用のDIPスイッチと，D-AコンバータとOPアンプによる出力段だけです．これらはすべてトレーニング基板に搭載しています．

クロック周波数は，4.194304 MHzです．フラッシュ・メモリのアクセス・タイムの上限を超えないよう，分周して131072 Hzを生成します．このクロックからDIPスイッチで設定した周波数のパルスを，20ビット幅のCPLDの積算ブロックにより生成します．この周波数でフラッシュ・メモリから正弦波データを読み出し，D-Aコンバータに出力します．

以上により，設定した周波数の正弦波が出力されます．

● 正弦波の生成方法

図3に示すのは，CPLDの20ビット積算ブロックなどの内部構

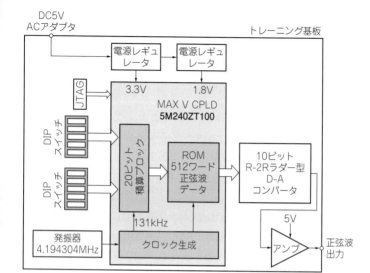

図2　本器の全体構成
部品はトレーニング基板にすべて搭載されている

成です.

　20ビット幅の積算ブロックの上位9ビットを, 内蔵フラッシュ・メモリのアドレスとしています. 内蔵フラッシュ・メモリには, 512ワードを使って10ビットの正弦波の1周期データが書き込まれています. この9ビットが0からフルカウントまで進むと, 1周期分の正弦波が出力されます. これが繰り返されることで, 連続した正弦波が出力されます.

　131072 Hzを使うので, 積算クロックは256 Hz(＝131072/512)です. 255 Hzまでは, 512ワードすべてを利用する512分解能の正弦波になります. 256 Hz以上では, アドレスが+2ずつ進むので, メモリ・データが1つおきに出力されて256分解能になります. 512 Hz以上では, +4ずつ進むので, 4つおきに出力され128分解能になります.

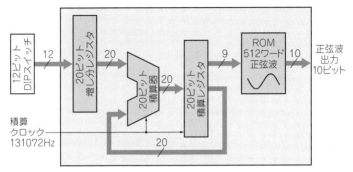

図3 CPLD内の20ビット積算ブロックは増し分レジスタ，積算器，積算レジスタで構成される
20ビット幅の積算ブロックの上位9ビットをCPLD内蔵のフラッシュ・メモリのアドレスとする

● 出力する正弦波の周波数設定

20ビットの積算レジスタ（アキュムレータ）が1周すると，1サイクルです．DDSの出力周波数は次式で決まります．

$$f = \frac{Mf_{clk}}{2n}$$

f：出力周波数［Hz］，M：増し分値（DIPスイッチ設定値），
n：積算ブロック幅(2^{20})，f_{clk}：入力クロック周波数(2^{17})

ここで今回の値を代入すると次のようになります．

$$f = M \times 2^{17} \div 2^{21} = M/2^4$$

出力周波数ごとのDIPスイッチの設定値Mは，次のとおりです．

- 1 Hzの場合 $M = 2^4$
- 1.024 kHz (2^{10}) の場合 $M = 2^{14}$

このように周波数設定は，20ビットの増し分レジスタの5ビット目が1 Hz，15ビット目が1.024 kHzです．従って，DIPスイッチ

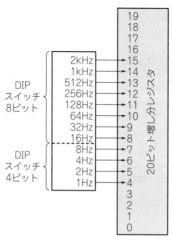

図4 出力する正弦波の周波数はDIPスイッチで設定する

20ビットの増し分レジスタの5ビット目が
1Hz, 15ビット目が1.024kHz

と増し分レジスタを**図4**に示すように接続します．DIPスイッチごとの設定周波数はこの図のとおりです．複数のスイッチをONした場合は，加算した周波数になります．すべてのスイッチをONにしたときは，4095Hzです．

製作①　R-2Rラダー型D-A変換回路

正弦波を出力するにはアナログ信号が必要ですが，**図5**に示すように，抵抗だけでもD-Aコンバータを構成できます．

トレーニング基板に搭載しているのは，電圧加算型R-2Rラダー・マトリクスという方式です．説明用として**図5**(**a**)に示すような4ビット構成のD-Aコンバータとします．

最上位ビットだけがONで基準電圧に接続された場合は，**図5**(**c**)に示す接続回路になります．**図5**(**d**)に示すように，抵抗並列

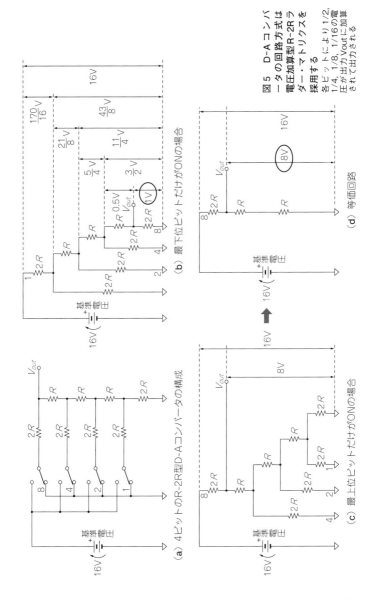

図5 D-Aコンバータの回路方式は電圧加算型R-2Rラダー・マトリクスを採用する
各ビットにより1/2, 1/4, 1/8, 1/16の電圧が出力Voutに加算されて出力される

(a) 4ビットのR-2R型D-Aコンバータの構成

(b) 最下位ビットだけがONの場合

(c) 最上位ビットだけがONの場合

(d) 等価回路

143

回路を簡単化すると，出力電圧 V_{out} は基準電圧の1/2です．

最下位ビットだけをONにした場合は，**図5(b)**のようになります．この回路を解析すると，最終的に V_{out} は基準電圧の1/16の電圧が出力されます．

このように，各ビットにより1/2, 1/4, 1/8, 1/16の電圧が V_{out} に加算出力され，4ビットのD-Aコンバータを実現できます．

本器のD-Aコンバータ部は，**図6**に示すように10ビットの構成にしています．スイッチ部は，CPLDの出力ピンで行っているので，出力ピンに設定されている電圧と0Vで切り替わります．

製作② 出力アンプ回路

図6に示したように，D-Aコンバータの出力にはOPアンプを接続しています．初段はゲイン1倍のバッファです．入力インピーダンスを高くして，前段のD-Aコンバータへの影響を低減しています．OPアンプの出力は，可変抵抗によって電圧を変更できます．可変抵抗の出力を，次段の非反転アンプ（ゲインが約5.5倍）に入力しています．OPアンプの電源を5Vとしているので，4V程度の振幅まで増幅できます．

アンプの出力には，大容量コンデンサを直列に挿入しています．これにより，直流成分をカットし，交流成分を取り出せます．

OPアンプは，レール・ツー・レール型を利用し，出力振幅を最大化しています．出力正弦波の周波数は最大でも数kHzです．OPアンプのゲイン・バンド幅は，1MHz以上であれば問題ありません．トレーニング基板では，MCP6022（マイクロチップ・テクノロジー）を使っています．

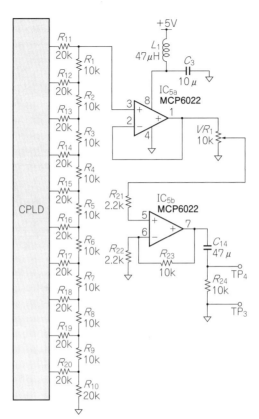

図6 D-Aコンバータの出力にはOPアンプ回路を接続する
初段にはバッファ，次段にはゲイン5.5倍の非反転アンプを接続

製作③　CPLDの内部回路

● 2つの高機能モジュールを利用する

CPLDで正弦波ディジタル・シンセサイザの回路を設計製作します．図7〜図9に製作したロジック回路を示します．これらを接続すれば全体回路の完成です（図10）．

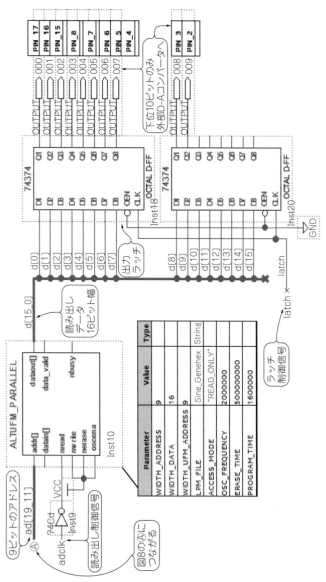

図7 ALTUFMモジュールの周りに外部回路を接続して出力する

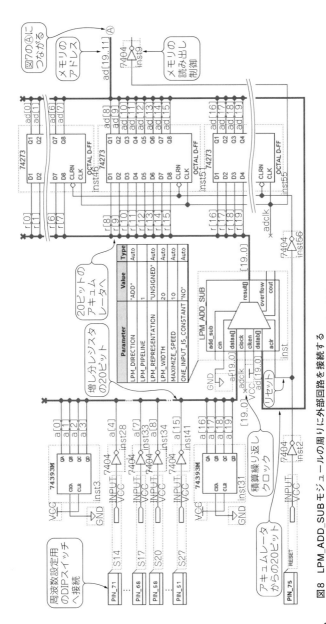

図8 LPM ADD SUBモジュールの周りに外部回路を接続する
メモリのアドレスと読み出し制御を図7に示すATUFMモジュールの入力側に接続する

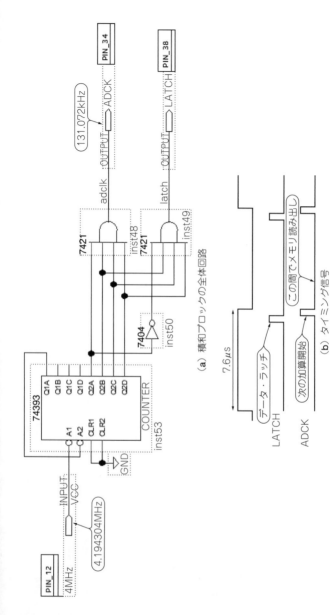

(a) 積和ブロックの全体回路

(b) タイミング信号

図9 DDSを制御するタイミング信号生成回路を作成する

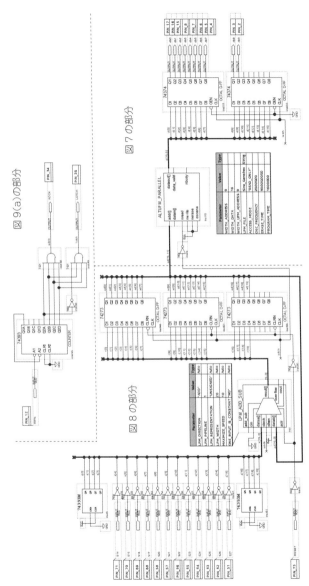

図10　図7〜図9(a)に分割する前の全体回路図

149

ここでは74ロジック回路だけではなく，Quartus Primeに用意されている高機能モジュールを集めたMegaFunctionの中から，次の2つを使います．

- ALTUFM(Altera User Flash Memory)：内蔵フラッシュ・メモリ
- LPM_ADD_SUB(LPM：Library of Parameterized Modules)：算術演算．アダー

● ALTUFMモジュールの設定と周辺回路

　まず，内蔵フラッシュ・メモリの使い方を説明します．

▶ STEP1　モジュールを選択する

　ALTUFMモジュールは，Quartus Prime上で**図11**に示す手順で呼び出せます．

① トップ・メニューの「Symbol Tool」を選択する
② Symbolsで「megafunction」クリック後，その下の

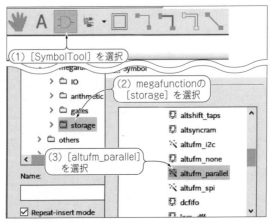

図11　内蔵フラッシュ・モジュールALTUFMの選択方法

「storage」を選択する
③ 4つのALTUFMの中から「ALTUFM_PARALLEL」を
選択する

ALTUFMは, I²C, SPI, パラレル, なしという4種類の外部
インターフェースを装備しています. ここでは, パラレル接続を
使います.

▶ STEP2 パラメータの設定

ALTUFMモジュールを置くと, **図12**に示すようにパラメータ
表も貼り付きます.

必要な入力は, アドレスと書き込みデータ, 読み出し, 書き込

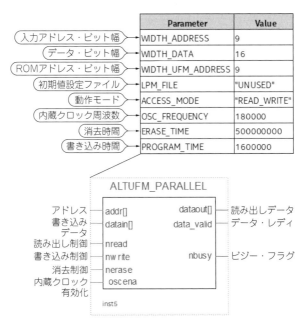

	Parameter	Value
入力アドレス・ビット幅 →	WIDTH_ADDRESS	9
データ・ビット幅 →	WIDTH_DATA	16
ROMアドレス・ビット幅 →	WIDTH_UFM_ADDRESS	9
初期値設定ファイル →	LPM_FILE	"UNUSED"
動作モード →	ACCESS_MODE	"READ_WRITE"
内蔵クロック周波数 →	OSC_FREQUENCY	180000
消去時間 →	ERASE_TIME	500000000
書き込み時間 →	PROGRAM_TIME	1600000

ALTUFM_PARALLEL

```
アドレス ── addr[]        dataout[] ── 読み出しデータ
書き込み ── datain[]      data_valid ── データ・レディ
データ
読み出し制御 ── nread
書き込み制御 ── nwrite
消去制御 ── nerase                    nbusy ── ビジー・フラグ
内蔵クロック ── oscena
有効化
inst5
```

図12 ATUFMモジュールの構成
入力側はアドレスと読み出し制御を, 出力側は読み出したデータだけを利用する

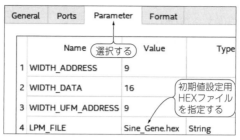

図13 ATUFMモジュールのパラメータ設定

み，消去の制御信号，内蔵クロックの有効化です．

入力側は，アドレスと読み出し制御を利用します．内蔵クロックはメモリ内部の動作に必要なので，有効化します．出力側は，読み出したデータだけを使います．

パラメータの設定は，**図12**に示したパラメータ表をダブルクリックすると開くダイアログで行います（**図13**）．

アドレス幅は，512ワードすべてを使うので，9ビットです．実際使うデータ幅は10ビットなのですが，設定は16ビットとし下位10ビットを使います．

「LPM_FILE」欄は，初期値を書き込むためのHEXファイルを指定します．ここでは「Sine_Gene.hex」としました．そしてTypeを「String」とします．この初期値設定用ファイルの作り方は後述します．

Access Modeでは「READ_ONLY」とします．ほかは未使用のためデフォルトのままとします．

▶STEP3 外部接続回路を作成する

図7に示した内蔵フラッシュ・メモリ周辺の回路の入力は，積算ブロックからの9ビットのアドレス（ad ［19..11]）と読み出し制御信号だけです．読み出し制御信号には，後述する積算ブロックからの，設定された一定の周波数のパルス（adclk）を接続します．

出力はデータ(d [9..0])だけを使います. 16ビットの読み出し
データをラッチ制御信号(latch)の立ち上がりエッジで毎回ラッ
チさせ, その中の下位10ビット(d [0] からd [9])だけを外部D-
Aコンバータへの出力としています.

　読み出し制御信号(adclk)とラッチ制御信号(latch)のタイミン
グは, 次のadclkの直前でlatchを出力するようにします. これで,
メモリから確実に読み出した後のデータをラッチさせることがで
きます.

● LPM_ADD_SUBモジュールの配置と周辺回路

▶STEP1 パラメータの設定

　LPM_ADD_SUBは, アダーに相当するモジュールで, DDSの

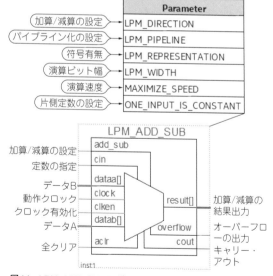

図14 LPM_ADD_SUBモジュールの構成
本モジュールはDDSの積算ブロックを構成するために利用する

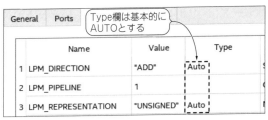

図15 LPM_ADD_SUBモジュールのパラメータ設定

積算ブロックを構成するために利用します。**図14**に、アダーの内部構成を示します。本モジュールは、加算でも減算でも使えます。また、演算の片方を一定の定数とすることもできます。演算は、クロック(clock)の入力ごとに行われて、結果が出力されます。

このモジュールのパラメータは、**図14**の上側のパラメータ表をダブルクリックすると開くダイアログで設定できます(**図15**)。加算モードでパイプラインはなし、符号なしで20ビット幅としています。速度設定はデフォルトのままです。定数は使わないので「No」とします。「Type」欄は、すべてAUTOで問題なく使えるようになります。

▶STEP2 外部接続回路を作成する

dataaには増し分レジスタからの20ビット(a [19..0])を、databにはアキュムレータの出力側(ad [19..0])を入力します。

クロックには、加算繰り返し用クロック(adclk)を入力します。クロックを有効化するため、clkenはV_{CC}にプルアップします。この内部クロックが、メモリ読み出し制御信号になります。

cinは使わないのでGNDに、RESETスイッチの入力をaclrに接続します。出力側(r [19..0])は、20ビット幅のアキュムレータの入力側に接続します。こうして作成したDDS用の積算ブロックの回路を、**図8**に示します。

左側の増し分レジスタは、DIPスイッチのデータを直接接続し

ています. **図4**で説明したように, DIPスイッチは20ビットの真ん中の12ビットしか使わないので, 上位4ビットと下位4ビットは常に0とします. このため, 常時0が入力されるようラッチを常にクリア状態として使います.

右側は, 20ビットのアキュムレータに相当するレジスタで, 積算繰り返しクロック(adclk)の立ち上がりエッジでラッチさせるため, 74273ブロックを使っています. これで, アダーがadclkで次の加算を開始する直前の出力(r [19..0])を, アキュムレータにラッチさせています.

この20ビット幅のアキュムレータの出力(ad [19..0])の上位9ビットを, 次段に接続するメモリのアドレス信号としています. さらに, 積算繰り返しクロックadclk を反転して, メモリの読み出し制御信号としても使います.

● **タイミング生成回路**

DDSの全体回路が構成できました. 次に, これらを制御するタイミング信号を生成します. タイミング信号は, 積算繰り返しクロック(adclk)と出力レジスタのラッチ制御信号(latch)の2つだけです. これらを, 入力クロックの4.94304MHzから生成します(**図9**).

4.194304MHzを32分周して, 131.072kHzを生成しています. その1周期を16分割して, 最後の15番目でフラッシュ・メモリの出力をラッチさせるラッチ信号(latch)とし, 16番目を次の積算を開始する制御信号(adclk)としています.

本回路では, 両方の制御信号をLEDに出力して観測できますが, 本来は不要です.

● **フラッシュ・メモリの初期値用ファイルの作り方**

512ワードの10ビット幅の正弦波データを, フラッシュ・メ

リに書き込む必要があります．このデータは，Excelを使って作成できます．

Quartus Primeの内蔵フラッシュ・メモリを扱うMegaFuntionが，HEX形式のデータを読み込んで内蔵フラッシュ・メモリに書き込む機能を持っているので，これを利用します．

▶ STEP1 正弦波データの生成

正弦波と振幅を図16のように設定します．D-Aコンバータの後段に接続されるOPアンプの入力特性を考慮し，電源より少し低い電圧でスイングするようにしています．

図17に示すように，正弦波のデータをExcelで生成します．A列に0〜511までの連続データを，Excelの「連続データの作成」機能で生成します．

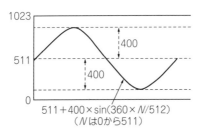

図16 生成する正弦波のデータ

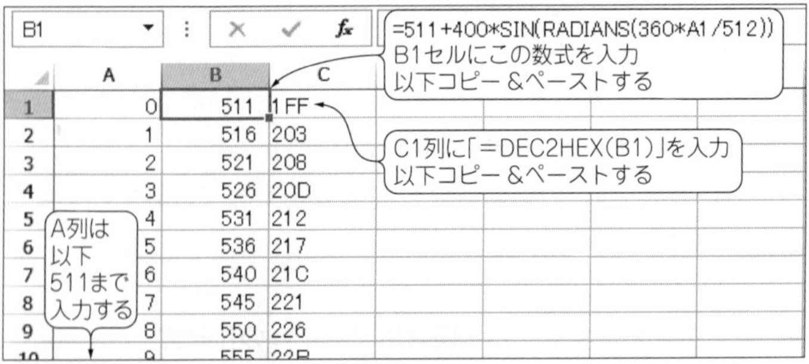

$$511 + 400 \times \sin(360 \times N/512)$$
（Nは0から511）

図17 Excelを利用して正弦波データの生成する

156

次にB1セルにsinの数式「=511+400＊SIN（RADIANS（360＊A1/512））」を入力し，それをB列すべてにコピーします．C1セルに図中のように16進数への変換式「=DEC2HEX（B1）」を入力し，C列すべてにコピーします．

これでC列に必要な正弦波のHEXデータが生成されました．

▶ STEP2 正弦波データをコピーしてフラッシュ・メモリ用のHEXファイルにQuartus上で貼り付け

図18に示す手順で，書き込み用のHEXファイルの元を生成します．

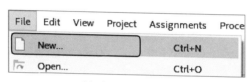

(a) (1) [File]-[New]

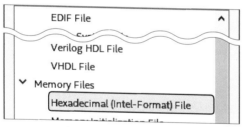

(b) (2) HEXファイルを選択

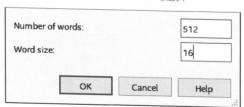

(c) (3) 512ワード16ビット幅を指定

図18 メモリ初期化ファイルの生成

① [File]-[New] で新規ファイルを生成する
② ファイルの種類でMemory FilesのHexadecimal Fileを選択する
③ ダイアログで512ワード16ビット長を指定する. 必要なビット数はA-Dコンバータ用なので10ビットであるが, 16ビット幅で下位10ビットのデータをExcelで生成しているので, 16ビットと指定する

以上の手順で, Quartusのエディタ画面上でファイルが開きます.

▶ STEP3 16進数形式でファイルを開く

開いたファイルは, 10進数表示になっています. このままでは使えないので, 次に示す手順でいったん保存後, 再度HEXファイルとして開き直します.

① いったんファイルを保存する. このときファイル名を「Sine_Gene.hex」とする.
② File Openで開く. このときファイルの種類でAll Filesを指定しないとHEXファイルが見えない
③ ダイアログでビット幅を聞かれるので, 図19(a)のように16ビットとする.
④ 図19(b)のような16進数形式の表示でファイルが開く

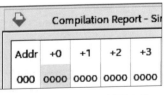

(a) ファイルを開くときワード長を16ビットにする

(b) HEX形式となって表示される

図19　16進数形式の表示でファイルを開く

158

▶ STEP4 16進数の正弦波データをコピー&ペーストする

このファイルに，Excelで生成した16進数の正弦波データをコピー&ペーストします．この手順を**図20**に示します．

① Excelの C 列をすべてコピーする．Quartus 側の HEX ファイルのすべての欄をドラッグして選択する（512ワード分）

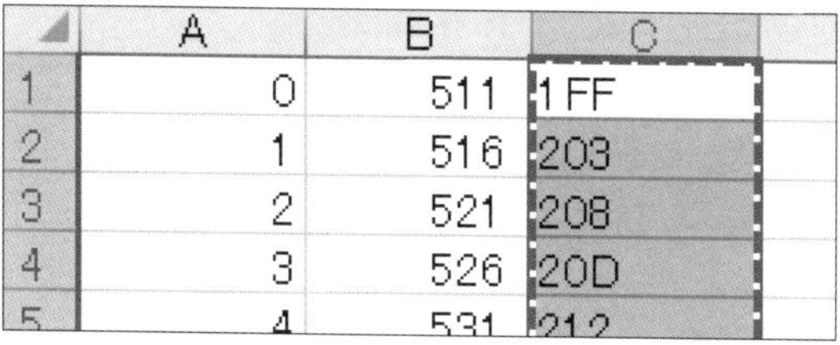

	A	B	C	
1	0	511	1FF	
2	1	516	203	
3	2	521	208	
4	3	526	20D	
5	4	531	212	

① HEX列をすべてコピーする

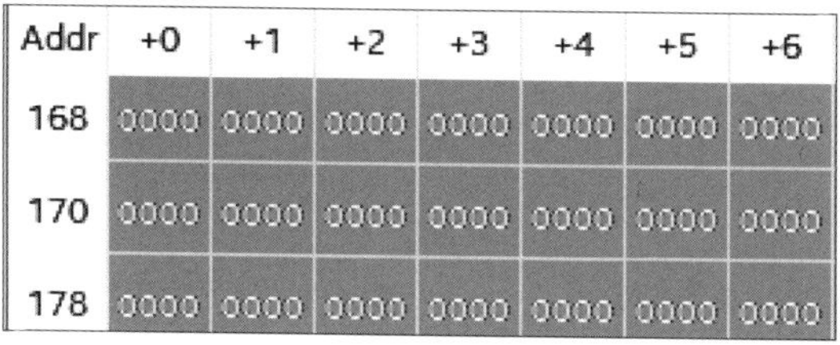

Addr	+0	+1	+2	+3	+4	+5	+6
168	0000	0000	0000	0000	0000	0000	0000
170	0000	0000	0000	0000	0000	0000	0000
178	0000	0000	0000	0000	0000	0000	0000

② すべての欄を選択してからペーストする

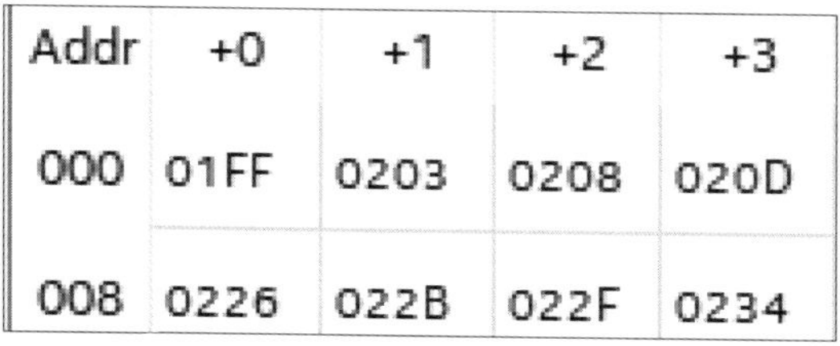

Addr	+0	+1	+2	+3
000	01FF	0203	0208	020D
008	0226	022B	022F	0234

③ 値がすべて16進数でコピーされる

図20 Excel から値をコピーする方法
上書き保存でプロジェクト・フォルダ内に保存する

② すべての欄を選択後ペーストする．これで全欄にExcel
の正弦波のデータが順番にコピーされる
③ ファイルを上書き保存すれば初期化ファイルが完成する

以上で，CPLDに書き込むときに，自動的にHEXファイルも書
き込んでくれます．

● 分析/合成とピン割り付け

次に分析と合成を実行します．エラーがなくなったら，ピンの
割り付けができるようになるので，Pin Plannerを起動してピン
割り付けを行います．エラーがある場合は修正して，再度分析と
合成を実行します．

ピンは，トレーニング・キットの回路図に合わせて割り付けま
す．割り付け結果を**図21**に示します．DIPスイッチの入力ピンは，
すべてシュミット・トリガとしてノイズなどの影響を低減します．

● コンパイルと書き込み

ピン割り付けが終了したら，コンパイルを実行します．エラー
がなければ書き込みを実行できます．書き込みツール(USB-

Named: *		Edit: ✕ ✓			
Node Name	Direction	Location	I/O Bank	I/O Standard
in 4MHz	Input	PIN_12	1	3.3-V LVTTL (default)
out ADCK	Output	PIN_34	1	3.3-V LVTTL (default)
out db0	Input	PIN	1	LVTTL (default)
in S23	Input	PIN_55		itt Trigger Input
in S24	Input	PIN_5		itt Trigger Input
in S25	Input	PIN_53		3.3V Schmitt Trigger Input
in S26	Input	PIN_52	2	3.3V Schmitt Trigger Input
in S27	Input	PIN_51	1	3.3V Schmitt Trigger Input
<<new node>>				

DIPスイッチはすべて
シュミット・トリガとする

図21 ピンの割り付けはトレーニング・キットの回路図に合わせて行う

Blasterまたは互換機)をパソコンに接続し，基板のJTAGインターフェースにケーブルを接続します．この場合にも，ピン配置を間違えないように気を付けてください．基板に電源を接続します．

これですべての準備ができました．Programmerを起動して，書き込みを実行します．

書き込みが完了すればすぐ動作を開始します．

出力波形を観測してみる

● 測定回路

すべての製作が完了したので，本器の出力波形を観測します．図22に示す方法でアンプの出力，つまりチェック・ピンの信号をオシロスコープで直接観測するのがベストです．周波数は数kHzなので，オシロスコープがない場合は，パソコンを使ったフリーの波形観測ツールでもチェックできます．

DIPスイッチのいずれか1つをONにすると，2の倍数の周波数

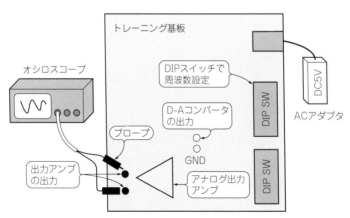

図22　測定回路の接続構成
オシロスコープでアンプの出力およびD-Aコンバータの出力を直接観測

161

で正弦波が出力されます.

● 1kHzまで, ひずみのない正弦波が出力される

　D-Aコンバータの出力部を直接観測すると, 0.2〜3Vの振幅で正弦波が出ていることが確認できます.

　基板端の出力ピンには, 直流成分がない交流波形が出力されます. 4V_{P-p}程度までは正常な正弦波になりますが, それ以上になると波形がつぶれてしまいます. そのため, 可変抵抗できれいな波形レベルに調整します.

　図1に示したのは, 実際の出力ピンでの波形です. 前述したとおり1kHzまで, ひずみのない波形が出力されます. 2kHzになると, 階段状になっているのがわかります. 信号としては4kHzまで出力できます.

　出力にローパス・フィルタを挿入すれば, ひずみのない正弦波になりますが, ここでは省略しています.

　本章では正弦波だけを出力していますが, これに矩形波や三角波, 鋸状波などを加えれば, ファンクション・ジェネレータにもできます.

[製作編]

第6章 CPLD本来の実力を試すために

VHDLで正弦波を出力する

全体構成と正弦波生成方法

製作編第5章では，Quartus Prime が提供する MegaFunction のメモリを使ったため，メモリのアクセス・スピードが正弦波の上限周波数を制限していました．なので，別にメモリを組み込んで構成すればもっと高い周波数まで出力できるはずです．

しかし，回路図ベースでメモリを構成するのはちょっと困難です．代わりに，メモリを構成する最も簡単な方法として，VHDL言語を使う方法があります．

本書の回路図ベースという趣旨からは外れますが，CPLDの本来の実力を試すという意味で，VHDLで正弦波を出力してみました．

さらに高速で動作させるため，クロック発振器を2の26乗に相当する，67.108864 MHzに置き換えました．

● 全体構成

構成した仕様を**表1**に，正弦波発振器の VHDL 全体構成を**図1**

表1 正弦波発振器の目標仕様

項目	目標仕様	備考
周波数範囲	1 Hz～65.536 kHz	1 Hz単位で設定可能
分解能	256	周波数精度は50 ppm
出力電圧	交流　最大4 Vp-p	可変抵抗で0 Vから可変
電源	DC5V の AC アダプタ	

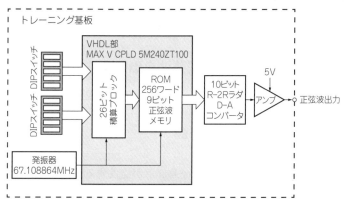

図1　VHDLの全体構成

に示します. 26ビット幅の積算ブロック部と, 9ビット×256ワードの正弦波メモリとで構成しています. 積算ブロックには, 8ビットのDIPスイッチ2個による, 16ビットの増し分データを接続しています.

　クロック発振器には, 67.108864MHzを使いました. CPLDの実力値としてはさらに高い周波数も可能ですが, これが簡単に入手できる最高値でした. このクロックで動作する積算ブロックの上位8ビットをメモリの読み出し用アドレスに使って9ビットの正弦波データを順次読み出し, 10ビットのD-Aコンバータの下位9ビットのデータとして出力しています.

　正弦波メモリのビット幅を10ビットにしたいのですが, CPLDの容量をオーバーしたので, やむなく9ビットにしました.

● 正弦波生成方法

　DDSにより正弦波を生成する方法は, 図2のような構成としました. 積算ブロックは, 26ビット幅としています. 積算レジスタの上位8ビットを, 内蔵フラッシュ・メモリのアドレスとしてい

164

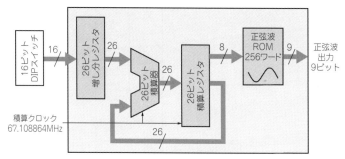

図2　正弦波の生成方法

ます．正弦波ROM部分は9ビット×256ワードの構成とし，ここに正弦波の1周期分のデータを構成します．

　従って，アドレスが0からフルカウントまで進むと，正弦波の1周期分が出力されることになります．これが繰り返されることで，連続した正弦波が出力されます．DDSの積算クロックには，2の26乗の67.108864 MHzを使います．

　この構成での出力正弦波の周波数は，次のように求められます．

　26ビットの積算レジスタ（アキュムレータ）が1周すると1サイクルなので，増し分レジスタが1なら1秒かけて積算レジスタが1周するので1 Hzということになります．

　つまり，図3のようにDIPスイッチを接続すれば，DIPスイッチの2進数値がそのまま正弦波の周波数になります．DIPスイッチは16ビットなので，最高65.536 Hzになります．

VHDLの構成

● 比較的簡単なVHDLの記述

　作成したVHDLの内容を説明します．全体はVHDLの基本どおりで，エンティティ部とアーキテクチャ部で構成しています．

　エンティティ部はリスト1のようになっていて，外部インター

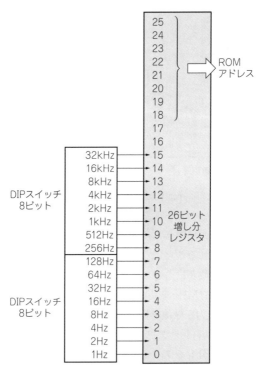

図3 DIPスイッチと周波数設定

リスト1 エンティティ部

```
library IEEE;
use IEEE.STD_LOGIC_1164.ALL;
use IEEE.STD_LOGIC_ARITH.ALL;
use IEEE.STD_LOGIC_UNSIGNED.ALL;

entity Sine9bit is
  Port ( switch : in std_logic_vector(15 downto 0);
      clock : in std_logic;
      daout : out std_logic_vector(8 downto 0));
end Sine9bit;
```

フェースを定義しています．DIPスイッチが16ビット幅，クロックが1ビット，D-Aコンバータへの出力を9ビットとしています．

次がアーキテクチャ部で，前半部分が**リスト2**となります．始めに，DDS部の積算レジスタと正弦波メモリのビット幅を指定しています．次が正弦波のメモリ定義で，WAVEという名前で9ビット×256ワードの正弦波データを定義しています．VHDLでは，これだけの記述でメモリが構成できるのです．この正弦波データはExcelで作成しました．

リスト3がアーキテクチャの後半で，DDSの記述をしています．クロックの立ち上がりごとに，DIPスイッチの入力を増し分レジスタとして26ビット幅でセットし，それと積算レジスタとの加算を実行します．

クロックの立ち下がりごとに，加算結果をアキュムレータ（sumlatch）にセットします．これで，クロックごとにDDS処理が繰り返し実行されます．

さらに，アキュムレータのビット17の立ち下がりごとに，アキュムレータの最上位8ビットをアドレスとして，正弦波データを読み出します．

最後に，読み出したデータ（romdata）をA-Dコンバータ出力に代入して出力しています．

以上で正弦波出力のVHDLが完成です．比較的簡単なVHDLの記述で構成できました．

これで，DIPスイッチの16ビット・バイナリ値と同じ周波数の正弦波が出力されます．出力振幅は，ボード上の出力アンプのゲイン可変抵抗で調整できます．

● さらに高い周波数の出力も可能

出力の結果は，9ビット×256分解能のまま65kHzまできれいな正弦波として出力されました．製作編第5章に記した正弦波周

リスト2 アーキテクチャ部前半

```vhdl
architecture behavioral of Sine9bit is

    ------------------------------
    -- Define Internal Signal
    ------------------------------
    signal freqlatch: STD_LOGIC_VECTOR (25 downto 0);    --Frequency Latch
    signal sum:       STD_LOGIC_VECTOR (25 downto 0);    --Output of Adder
    signal sumlatch:  STD_LOGIC_VECTOR (25 downto 0);    --Output of Adder Latch
    signal romdata:   STD_LOGIC_VECTOR (8 downto 0);     --ROM Readout data
    ------------------------------
    -- Sine Table 8bit 256 step
    ------------------------------
    subtype WAVE is STD_LOGIC_VECTOR (8 downto 0);
    type ROM is array (0 to 255) of WAVE;
    constant SINE : ROM := (
        "011111111","100000101","100001011","100010001","100010111","100011101","100100011","100101001",
        "100101111","100110101","100111011","101000001","101000111","101001101","101010011","101011000",
        "101011110","101100100","101101001","101101111","101110100","101111010","101111111","110000100",
        "110001001","110001110","110010011","110011000","110011101","110100010","110100111","110101011",
        "110110000","110110100","110111001","110111101","111000001","111000101","111001001","111001101",
        "111010001","111010010","111011000","111011011","111011110","111100001","111100100","111100111",
        "111101001","111101100","111101110","111110000","111110010","111110100","111110110","111111000",
        "111111001","111111011","111111000","111110101","111110011","111110111","111100100","111110101",
```

"00101110,", "10101110,", "00101110,", "01010100,",
"00101110,", "01010010,", "01110000110,",
"10101000,", "01000010,", "00111001100,",
"10101000,", "01010010,", "00101011010,",
"11101100,", "01111101100,", "01010010,",
"11101100,", "01010010,", "01010010,",
"10101000,", "10010100,", "00101110,",
"10101000,", "01010010,", "01110000,",
"10101000,", "01100010,", "00101110,",
"10101000,", "00010010,", "00101110,",
"10101000,", "01010010,", "00101110,",
"11101000,", "01010010,", "00101110,",
"00101010,", "01010010,", "10101100,",
"11101000,", "01010010,", "00011100,",
"00101010,", "11101100,", "00001110,",
"01010000,", "00000010,", "01101100,",
"00101010,", "01010010,", "10101010,",
"01010010,", "00101010,", "01111110,",
"01010010,", "01000010,", "01010010,",
"01010010,", "01010000,", "11101100,",
"01010010,", "10101010,", "10101110,",
"11010010,", "01010010,", "01010010,",
"01010010,", "01010010,", "01010100,",
"10100010,", "01010010,", "10000110,",
"01010010,", "10101000,", "00101010,",
"10101010,", "10100100,", "00001110,",
"10100010,", "11101100,", "10100110,",
"10101010,", "01010010,", "01010010,",
"00101010,", "01010010,", "00001110,",
"00101010,", "01010010,", "00101010,",
"00101010,", "10101100,", "11110010,",
"01010010,", "11101100,", "00101110,",
"01010010,", "00101010,", "11101110,",
"10100010,", "10101010,", "01111110,",
"11101010,", "00101010,", "10101010,",
"10100010,", "00101010,", "01111110,",
"00101010,", "01010010,", "00101110,",
"10101010,", "01010010,", "01010110,",
"10101010,", "10100010,", "00101110,",
"10101010,", "01010010,", "00101110,",
"01111101100,", "01111111011,", "01101010100,",
};

リスト3 アーキテクチャ部の後半

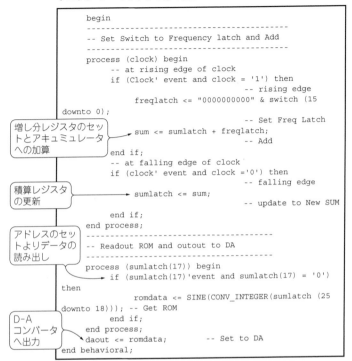

```
      begin
      ---------------------------------------------
      -- Set Switch to Frequency latch and Add
      ---------------------------------------------
      process (clock) begin
          -- at rising edge of clock
          if (Clock' event and clock = '1') then
                                      -- rising edge
              freqlatch <= "0000000000" & switch (15
downto 0);
                                      -- Set Freq Latch
              sum <= sumlatch + freqlatch;
                                      -- Add
          end if;
          -- at falling edge of clock
          if (clock' event and clock ='0') then
                                      -- falling edge
              sumlatch <= sum;
                                      -- update to New SUM
          end if;
      end process;
      ---------------------------------------------
      -- Readout ROM and outout to DA
      ---------------------------------------------
      process (sumlatch(17)) begin
          if (sumlatch(17)'event and sumlatch(17) = '0')
then
              romdata <= SINE(CONV_INTEGER(sumlatch (25
downto 18))); -- Get ROM
          end if;
      end process;
      daout <= romdata;           -- Set to DA
end behavioral;
```

増し分レジスタのセットとアキュムレータへの加算

積算レジスタの更新

アドレスのセットよりデータの読み出し

D-Aコンバータへ出力

波数の軽く10倍以上の周波数の出力が可能です．クロックの周波数をさらに高くすれば，より高い周波数まで出力が可能です．

　トレーニング基板に実装しているCPLDで製作したため，容量制限から9ビット256分解能の正弦波となりました．しかし，規模の大きなCPLDを利用すれば，より高性能な正弦波の出力も可能です．

第7章　7セグメントLEDをダイナミック制御で表示

1Hz〜20MHz 8けた周波数カウンタの製作

前章までは，トレーニング基板を活用した製作例を紹介しました．本章では，CPLD MAX Vを使って，1Hz分解能で20MHzまでの周波数を測定できる，8けたLED表示のカウンタ（**図1**，**写真1**）を新たに作ります．

本機の概要

図2に本器の回路図を示します．回路の全体像と3つのブロックに分けた図を掲載しています．仕様は次のとおりです．

測定範囲：1Hz〜20MHz（精度1%以上）
入力電圧：最小0.5V，最大3.3V
電源電圧：DC5V

CPLDは基本どおりです．テスト用に4個のLEDがあります．これは，製作途中の動作確認やパルスの確認に使います．

リアルタイム・クロックのICには，I^2C インターフェースのピンがありますが，使わないので無接続とします．32.768kHzのパルス出力のみCPLDに接続しています．

OPアンプで入力信号を増幅し，CPLDに送って7セグメントLEDの表示を制御します．7セグメントLEDは，ドライバIC（トランジスタ・アレイ）経由でCPLDと接続します．CPLDに何も書き込まれていない状態では，全けたが駆動状態になります．これを回避するため，けたドライバのラインに抵抗アレイ RM_1 を入れて，GNDにプルダウンします．

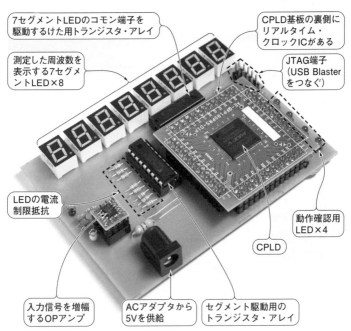

7セグメントLEDのコモン端子を
駆動するけた用トランジスタ・アレイ

CPLD基板の裏側に
リアルタイム・
クロックICがある

測定した周波数を
表示する7セグメ
ントLED×8

JTAG端子
（USB Blaster
をつなぐ）

LEDの電流
制限抵抗

動作確認用
LED×4

CPLD

入力信号を増幅
するOPアンプ

ACアダプタから
5Vを供給

セグメント駆動用の
トランジスタ・アレイ

写真1　製作した8けたLED表示の周波数カウンタ

　電源は，5V出力のACアダプタから電圧レギュレータで3.3V
と1.8Vを生成して，CPLDやOPアンプに供給します．

　本器は有償のキットを用意しています．入手先などの詳細は，
章末のコラムをご覧ください．

172

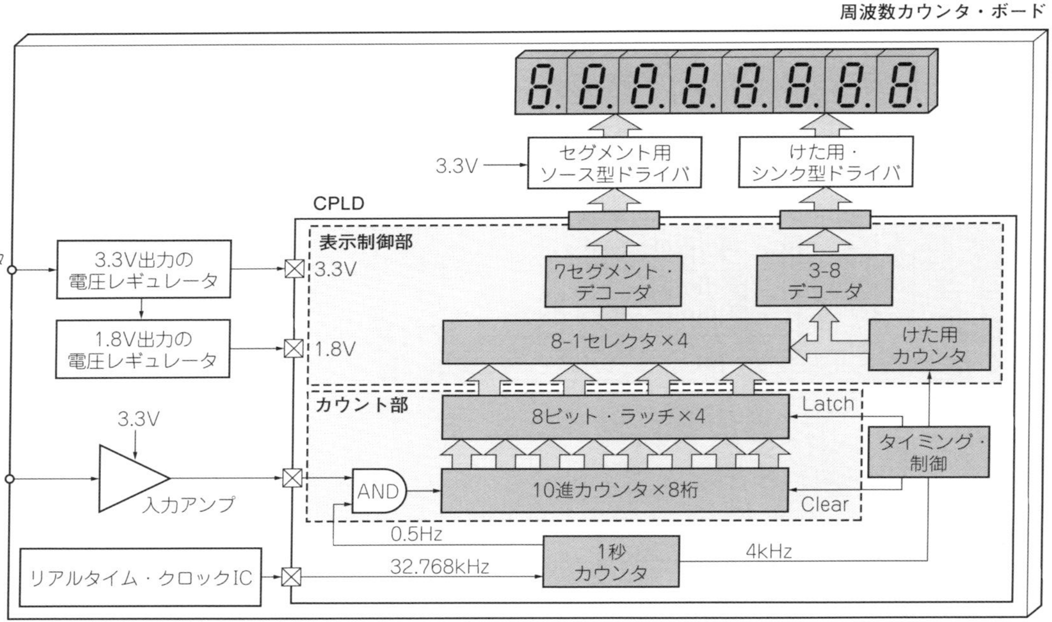

図1 8けたLED表示周波数カウンタの全体構成

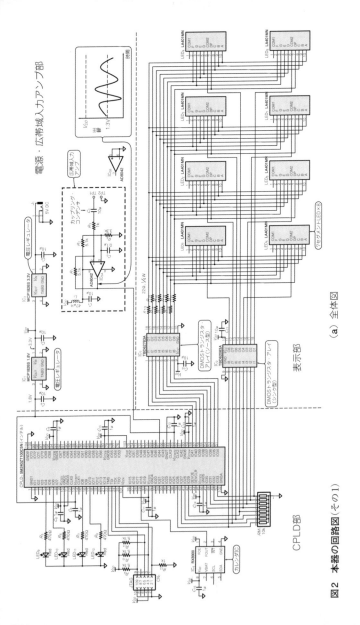

図2 本器の回路図(その1)　(a) 全体図

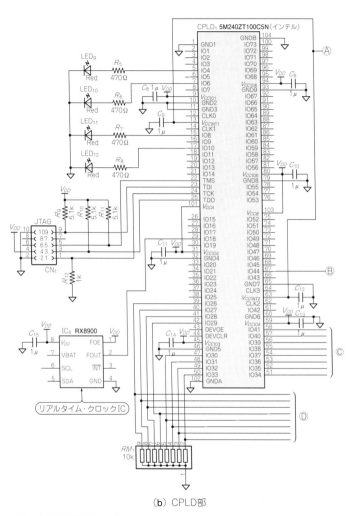

(b) CPLD部

図2　本器の回路図(その2)

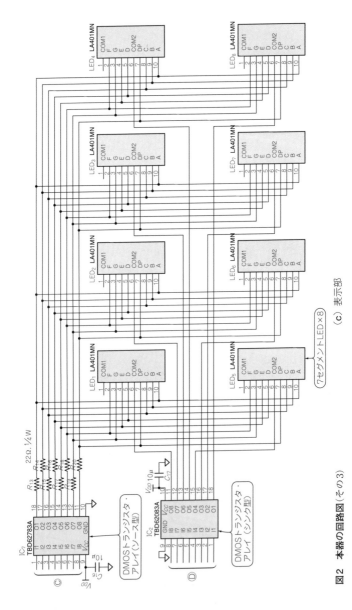

図2 **本器の回路図**（その3）

(c) 表示部

176

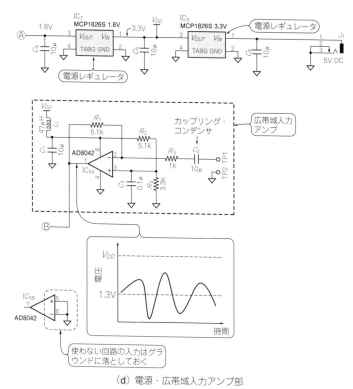

（d）電源・広帯域入力アンプ部

図2　本器の回路図（その4）

広帯域入力アンプ回路

● 回路の構成

　CPLDは300MHzでも動くので，100MHz程度の信号なら余裕で測定できそうです．しかし実際は，入力段に置く広帯域入力アンプのゲイン―周波数特性によって上限が決まります．約500mVの微弱な入力信号でも確実にカウントできるように交流

アンプ(単電源)で増幅します.

　OPアンプの出力信号が1.3Vを中心に正負に振幅するように,非反転端子を約1.3Vでバイアスします. 反転端子には, 直流分がカットされた交流分だけが入力されるように, カップリング・コンデンサを直列に挿入します.

　ゲインはR1/R3≒5倍です. ゲインと周波数特性はトレードオフの関係なので, ゲインを5倍にしたときの周波数の上限はゲイン・バンド幅積(GB積, Gain Band Width Product)の1/5です.

● 4種類のOPアンプ候補

　GB積の大きいOPアンプを選んで, 3.3Vの単電源で動かします. 候補は表1に示す4つです. プリント基板に, 8ピンのICソケットを実装して, OPアンプを交換しながら特性や動作を試します.

　GB積はNJM2712とNJM2137Dが大きいですが, 両電源で使うタイプなので, 単電源で動かしたときの性能は試しながら確認します.

　MCP662とAD8042は, 単電源用のレール・ツー・レール出力

表1　広帯域入力アンプ用OPアンプの候補

	MCP662	NJM2712	NJM2137D	AD8042ARZ
回路数	2	2	2	2
電源	DC2.5〜5.5 V (単電源)	DC2.5〜4.5 V (両電源)	DC±1.35 〜±6 V (両電源)	DC3〜12 V, ±1.5, ±6 V (単電源)
電圧ゲイン	117 dB	75 dB	75 dB	94 dB
GB積	60 MHz	1 GHz	200 MHz	170 MHz
帯域 @G＝20 dB	6 MHz	30 MHz	8 MHz	10 MHz
最大出力電圧	最小25 mV 最大VDD －25 mV	±1.5 V (電源±2.5 V)	±1.4 V, －1.2 V (電源±2.5 V)	最小30 mV 最大VDD －30 mV
メーカ	マイクロチップ・ テクノロジー	新日本無線	新日本無線	アナログ・ デバイセズ

写真2 使用したオペアンプ AD8042ARZ

型で，出力は0Vから電源電圧までフルスイングします．
NJM2712とNJM2137Dはレール・ツー・レール出力ではないの
で，出力は電源レールより1.0〜1.5V低く，グラウンド・レール
より1.0〜1.5V高くなる可能性があります．Lレベルの出力電圧
が1.5V以上になると，CPLDがLレベルと判定するしきい値を超
えます．データシート上では，AD8042（**写真2**）の性能が最も優れ
ています．

　これらのOPアンプは，どれも2回路内蔵しています．使わない
回路は，非反転と反転の両入力端子をグラウンドに接続して動き
を封じます．オープンにすると発振して，電源などを通じて周辺
の回路に影響を及ぼします．電源（3.3V）には，ディジタル回路か
らのノイズの混入を防ぐフィルタを挿入します．

<hr>

1秒パルス信号生成回路

　1秒間に入力されるパルスをカウントして，信号の周波数を測
ります．測定精度は，正確な1秒パルス信号を作れるかどうかに
かかっています．1秒パルスの生成と，表示とカウントのタイミ
ング制御は，CPLDの回路で行います．

　通常，正確な1秒パルスは，高精度の水晶発振器で生成します．
ここでは，時刻を読み出したり設定したりするときに使うリアル

電源	DC2.5〜5V(0.7μA) バッテリ・バック アップ可能
外部接続 インターフェース	I²C
周波数精度	月差9秒相当
パルス出力	32kHz, 1024Hz, 1Hz選択
年月日時分秒	BCD 形式
アラーム機能	割り込み出力あり

(a) 外観   (b) 仕様

図3 基準クロックに使ったリアルタイム・クロックIC搭載のDIPモジュール RX8900CE UA(秋月電子通商)

タイム・クロックIC RX8900(セイコー・エプソン)を利用して, 32768Hz±3.4ppm(月差約9秒)のパルス信号を生成します. 図3 に示すように, DIP基板に変換したモジュール品を使いました.

32768は2の15乗ですから, 16ビットのバイナリ・カウンタで カウントダウンすると, 周期0.5Hzのパルス信号(1秒間のHレベ ル信号と1秒間のLレベル信号)を生成できます. このパルス信号 を1秒間, 入力ゲートを開くための信号として使います. ゲート 信号がHレベルの間にカウントし, Lレベルの間に表示出力を更 新すれば, 2秒間隔でカウント値が更新されます.

7セグメントLED駆動回路

● 64個のLEDをダイナミック点灯制御

周波数カウンタが, Hz単位で数10MHzまで表示するためには, 8けたの表示が必要です. これには, トレーニング基板に使用し たのと同じ, カソード・コモン型の7セグメントLED表示器を, 8 個並べて使います.

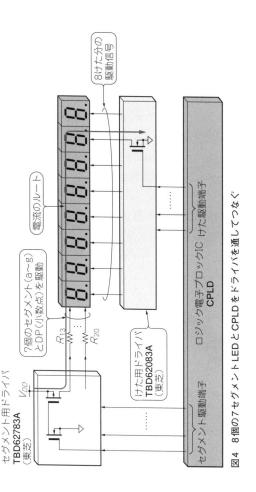

図4 8個の7セグメントLEDとCPLDをドライバを通してつなぐ

1個のLED表示器は，8個のセグメントLED（a〜g，D.P.）を装備しています．これが8けた分あるので，LEDは計64個あります．

すべてのLEDを1つずつ点灯制御するスタティック方式を使うには，LEDの数が多過ぎます．そこで，製作編第3章で説明したダイナミック方式で点灯制御を行います（図4）．

181

各LED表示器の同じセグメント同士を連結します．例えば，a
のセグメントLED同士，bのセグメントLED同士…，というよう
に，すべてのけたの同じセグメントのLEDをつなぎます．

　1けた目の表示器に数字の3を表示させたいときは，1けた目の
表示器のコモン端子（1番のカソード共通端子）をLレベルに，か
つ1番目のLED表示器のa, b, c, d, gのセグメントLEDのアノ
ードを，Hレベルにし，この状態をほんの数ms間だけ維持します．
その後，2けた目以降の表示器に移り，同様の点灯制御を順に行
っていきます．

　テレビが1秒間に30枚の静止画を切り換えて動きを表現して
いるのを考えると，人の目の応答速度は，最低でも30ms以上だ
とわかります．1けたあたり4msを維持できれば，実際は1けた
ずつしか点灯していないにもかかわらず，8個の7セグメント

電源電圧	$2.0～50V（V_{CC}）$
出力電流	$-400mA/ch$
ON時入力電圧	$2～30V$
OFF時入力電圧	$0～0.6V$
許容損失	$1.47W$

　　（a）外観　　　　　　（b）仕様

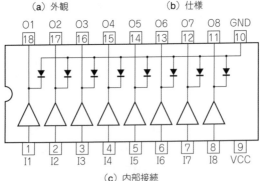

　　　　　　　　（c）内部接続

**図5　セグメント・ドライバICとして使用するソース型トラン
ジスタ・アレイTBD62783Aの仕様**

LED表示機が同時に点灯しているように見えるのです.

● CPLDの出力をトランジスタ・アレイで強化

LEDの各セグメントに流す電流は, 数10mA程度必要です. 使用したCPLDでは, セグメントLEDを明るく光らせるほどの電流を出力できないので, トランジスタ・アレイ(**図5**, **図6**)を追加して駆動能力を大きくします.

▶ソース型とシンク型のトランジスタ・アレイ

図5に示すセグメント・ドライバのTBD62783Aは, ソース型と呼ばれています. 入力がHighになると対応する出力ピンからセグメントLEDへ電流(最大50V/400mA)が出力できるので, かなり強力なドライブが可能です.

図6のTBD62083Aはシンク型と呼ばれ, 入力がHighとなると

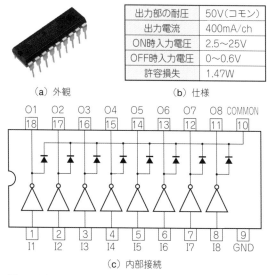

出力部の耐圧	50V(コモン)
出力電流	400mA/ch
ON時入力電圧	2.5~25V
OFF時入力電圧	0~0.6V
許容損失	1.47W

(a) 外観　　　　　　(b) 仕様

O1 O2 O3 O4 O5 O6 O7 O8 COMMON
18 17 16 15 14 13 12 11 10

1   2   3   4   5   6   7   8   9
I1 I2 I3 I4 I5 I6 I7 I8 GND

(c) 内部接続

図6　けたドライバICとして使用するシンク型トランジスタ・アレイTBD62083Aの仕様

対応する出力ピンがLowとなって，GNDに電流を吸い込むように動作します．このときも，50V/400mAまでの電流を引き込めます．

▶セグメントの点灯

CPLDのセグメント駆動ピンで，点灯させるセグメントをHighにします．これでソース型のTBD62783AのトランジスタがONとなり，電源からセグメントに電流が流れ出します．このときの電流値は，抵抗R_{13}からR_{20}によってセグメントごとに制限されます．

CPLDのけた駆動ピンで，点灯させるけたをHighにします．シンク型のTBD62083AのトランジスタがONになりLEDのセグメントに流れている電流が，ドライバ内のトランジスタを経由してGNDに流れ込みます．これで指定けたの指定セグメントが点灯します．

▶電流制限用抵抗

電流制限用抵抗$(R_{13}〜R_{20})$は，明るさを見ながら適当な値を決めますが，仮に1個のセグメントLEDに30mA流れるとします．トランジスタ・アレイのデータシートより，ONしたときの電圧降下分$(0.1＋0.5V)$とLEDの順方向電圧分$(2.1V)$から，

$$(3.3V − 2.1V − 0.1V − 0.5V) ÷ 30mA ＝ 20Ω$$

となります．しかし，安全マージンを取って22Ωとしました．

定格電力は最大30mWですが，余裕を見て1/4Wを使いました．小数点を含む8個の全セグメントLEDが点灯すると，けた用のトランジスタ・アレイには最大240mA流れる計算です．

けたドライバに追加したプルダウン用の抵抗アレイ(RM_1)は，CPLDに回路が書き込まれていない初期状態のときに，トライステート出力になって全けたが駆動状態になるのを防ぐ電位安定用です．

184

基板の製作

　本器の基板も，フリーの基板CADソフトウェア「EAGLE」を使って自作します．EAGLEで使える本器の基板データを用意しています．巻末の付録（p.242）をご覧ください．

● 基板の組み立て

　基板の部品配置図を図7に，部品表を表2に示します．部品配置図の太い線は，基板の部品面に配置するジャンパ線です．コンデンサとレギュレータICは表面実装部品なので，はんだ面に実装します．

　組み立ては，次の手順で行うと進めやすいでしょう．

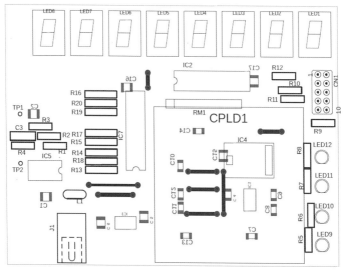

図7　部品配置図

表2　8桁周波数カウンタの部品一覧

型番	種別	型番，メーカ，値	数量
CPLD$_1$	CPLD	MAX V　5M240ZT100C5N （変換基板に実装）	1
IC$_1$	電圧レギュレータ	MCP1826S-1802E/DB	1
IC$_2$	ドライバ	TBD62083APG	1
IC$_3$	電圧レギュレータ	MCP1826S-3302E/DB	1
IC$_4$	リアルタイム・クロック	RX8900 DIP化モジュール （秋月電子通商）	1
IC$_5$	オペアンプ	AD8042（DIP変換基板に実装）	1
IC$_6$	ドライバ	TBD62783APG	1
LED$_1$〜LED$_8$	7セグメントLED	LA-401MN または LA-401VN	8
LED$_9$〜LED$_{12}$	LED	赤　OSR5JA3Z74A	4
R_1, R_2, R_9〜R_{11}	抵抗	5.1 kΩ 1/6 W	5
R_3, R_{12}		1 kΩ 1/6 W	2
R_4		3.3 kΩ 1/6 W	1
R_5〜R_8		470 Ω 1/6 W	4
R_{13}〜R_{20}		22 Ω 1/4 W	8
RM_1		10 kΩ×8	1
C_1, C_2, C_4〜C_6, C_{16}, C_{17}	チップ・コンデンサ	10 µF 25 V　3225/3216サイズ	7
C_7〜C_{15}		1 µF 16 V または 25 V 2012サイズ	9
C_3	積層セラミック	0.1 µF	1
L_1	コイル	47 µH アキシャルリード型	1
	ICソケット	8P	1
		18P	2
	ヘッダ・ソケット	13×2列 丸ピン・ヘッダ・ソケット （40×2列を切断して使う．サトー電気）	4
	ヘッダ・ピン	13×2列 丸ピン・ヘッダ （40×2列を切断して使う・サトー電気）	4
	変換基板	100ピン TQFP AE-QFP100PR5-DIP	1
		MSOPパッケージ （8ピン 0.65 mmピッチ）用DIP変換基板	1
TP$_1$, TP$_2$	テスト・ピン		2
CN$_1$	ヘッダ・ピン	角ピン・ヘッダ5×2列	1
J$_1$	DCジャック	2.1 mm標準ジャック	1
	基板	P10K感光基板	1
	ゴム足	透明ゴム・クッション	4

① 表面実装部品をはんだ付け面に実装する
② 部品面にジャンパ線を配線する
③ 抵抗をはんだ付けする
④ ICソケットとヘッダ・ソケットの対角の2ピンだけをはんだ付けして仮固定する
⑤ 7セグメントLEDをはんだ付けする
⑥ 残りの部品は背の低い順に実装する
⑦ ソケット類の全ピンをはんだ付けする

　組み立てが完了した基板を，**写真3**と**写真4**に示します．変換基板に実装したCPLDは，丸ピンのヘッダピン・ソケットに差し込むため，容易に着脱が行えます．リアルタイム・クロックICは，CPLDの下側に実装します．

写真3　組み立て済み基板の部品面
抵抗などの背の低い部品から取り付ける．OPアンプは，変換基板へ実装後に取り付ける

187

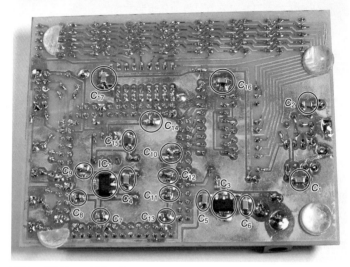

写真4　基板のはんだ付け面
表面実装部品は小さいので付け間違いに注意

　OPアンプもソケットに実装します．表面実装部品のOPアンプを選んだ場合は，変換基板でDIP化してから取り付けます．

　ドライバICは，ソース型とシンク型で種類が異なります．電源とGNDピンが逆なので，実装時に間違えないでください．

● 基板単体のテスト

　基板の組み立てが完了したら，CPLDは実装しないでACアダプタを接続します．手で触って，熱くなっている部品がないかどうかをチェックしてください．万一熱くなっている部品があったら，すぐACアダプタを外します．

　これは，何らかの実装間違いか，はんだ付け不良があることを示しているので，念入りに調べます．特に次のような点をチェックします．

① IC などの向きが逆になっていないか
② はんだブリッジはないか
③ 電源と GND がショートしていないか
④ 抵抗値は間違ってないか

発熱などの問題が発生していなければ，テスタで電源電圧をチェックします．3.3V と 1.8V が正常に出ていれば，基板単体は完成です．この電源が異常だと，CPLD を壊す可能性があるので，慎重にチェックしてください．

CPLD の内部回路

■ 全体像

CPLD 内部にロジック回路を作り込みます．次の 3 つのブロックで構成します．

① 周波数カウント部
② 7 セグメント LED 表示制御部
③ 1 秒パルス生成とタイミング制御部

回路のブロックを図1は p.173 に，詳細を図8 に示します．D ラッチと 8-1 セレクタ間の配線は省略していますが，同じ数字の配線同士がつながります．

■ 内部ロジック回路① 周波数カウント部

● あらまし

1 秒間に入力されるパルスをカウントする回路を作ります．図9 に，タイミング・チャートを示します．回路は図1のカウント部を参照してください．

189

Ｈレベルとｌレベルを1秒間ずつ繰り返す0.5Hzのパルス信号を生成し，Ｈレベルの1秒間だけゲートを開けて，入力信号の数をカウントします．

　パルス信号がＬレベルになったら，LatchパルスでドライバIC を経由して現在のカウント値を8けたのラッチに保持します．この内容をそのままLED表示器に送ります．次にClear信号でカウンタをすべてクリアして（0にして），次のカウント処理の準備をします．

　以上の処理を繰り返すので，8けたのLED表示器の値は，2秒おきに更新されます．

● 詳細

▶8けたの10進カウンタ・ロジック

　図10に示す10進カウンタ・ロジック 74390を，8個直列に並べて接続します．74390は，5進カウンタと2進カウンタで構成されています．

　図11に，タイミング・チャートを示します．2進カウンタのクロックにパルス信号を入力すると，エッジが立ち上がるたびに1/2分周されて，QAに出力されます．

　このQAの出力信号を5進カウンタのクロックとして入力すると，QAの立ち下がりエッジでカウントが行われます．9までカウントが進むと，QDの出力がＬレベルになって，1つのパルスが出てきます．このQDの出力を次段の10進カウンタの入力にすると，100進カウンタ，つまり2けたの10進カウンタが完成します．

　この74390を使った2けたの10進カウンタを4ブロック直列に接続すると，8けたの10進カウンタになります．各けたのカウンタからはQA〜QDの4ビットが出力され，これが各けたのカウント値になります．1けた目のクロック入力に接続されているANDゲートが，入力信号を1秒間だけ取り込む門の働きをします．

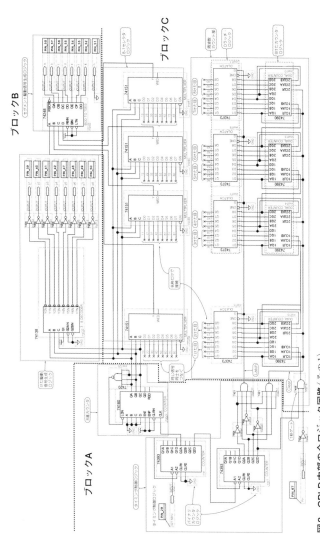

図8 CPLD内部の全ロジック回路（その1）
ダウンロード・データ内に大きなサイズの回路図を用意している．

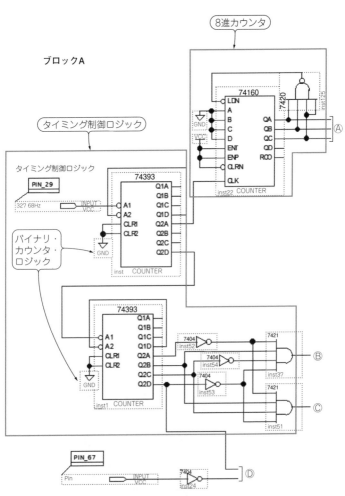

図8　CPLD内部の全ロジック回路（その2）

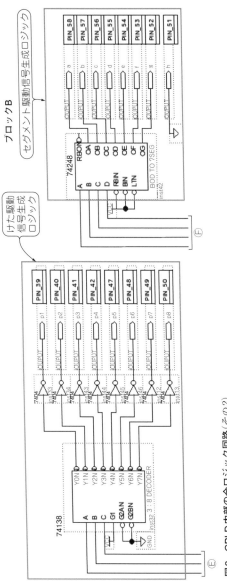

図8　CPLD内部の全ロジック回路（その2）

193

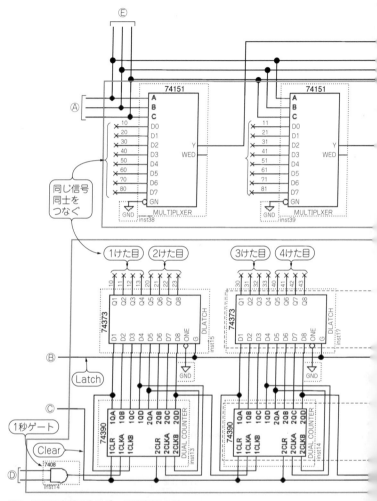

図8　CPLD内部の全ロジック回路（その3）

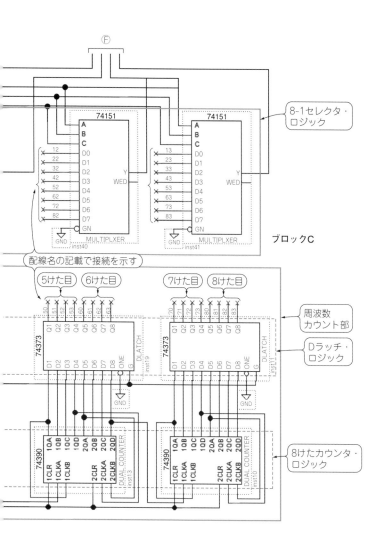

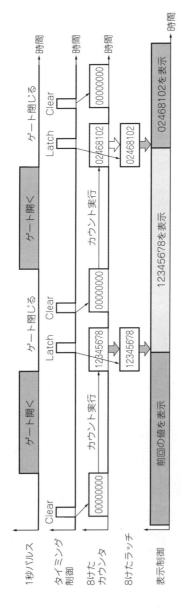

図9 入力信号の周波数カウントからLED表示までの制御信号のタイミング

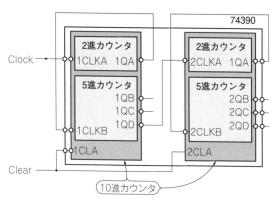

図10　周波数カウント部のロジック① 8けた10進カウンタ・ロジック回路

▶カウンタの出力値を保持するDラッチ・ロジック

図12に示すDラッチ・ロジック 74373を使って，カウンタの各けたの4ビットの出力値を保持します．この回路を「Dラッチ」と呼びます．

G信号がHレベルで，かつ$\overline{\text{OEN}}$信号がLレベルの間，入力Dnがそのまま出力Qnに現れます．G信号がLレベルになると，直前の入力値を保持して出力を継続します．$\overline{\text{OEN}}$がHレベルになると，出力はハイ・インピーダンス状態(LレベルでもHレベルでもない不定の状態)になります．

▶8けた10進カウンタ・ロジックとDラッチ・ロジックを接続する

74373の入力に74390の出力を接続して，2けた分まとめて保持します．4個使うと，8けた分をカバーできます．

▶カウンタを初期化するロジック

Clear信号で，全カウンタのデータを0に戻します．Latch信号をLEに相当するG端子に入力してカウント値を保持し，4ビット×8けたの計24本の表示用駆動信号を出力します．

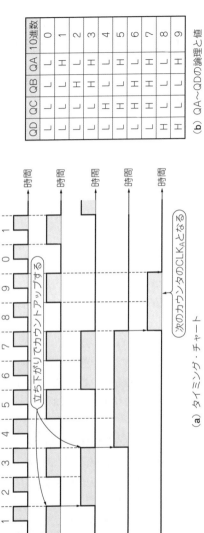

立ち下がりでカウントアップする

次のカウンタのCLK_Aとなる

(a) タイミング・チャート

QD	QC	QB	QA	10進数
L	L	L	L	0
L	L	L	H	1
L	L	H	L	2
L	L	H	H	3
L	H	L	L	4
L	H	L	H	5
L	H	H	L	6
L	H	H	H	7
H	L	L	L	8
H	L	L	H	9

(b) QA～QDの論理と値

図11 8けた10進カウンタ・ロジックの動作

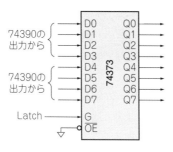

（a）接続

D$_n$	G	$\overline{OEN}$	Qn
H	H	L	H
L	H	L	L
X	L	L	Q0
X	X	H	Z

H：レベル，L：レベル，X："H""L"でも
かまわない，Z：ハイ・インピーダンス

（b）入出力の論理関係

図12　周波数カウント部のロジック② Dラッチ・ロジックの動作

■ 内部ロジック回路② 7セグメントLED制御部

Dラッチが保持する8けた分のカウント値（1けたあたり4ビット）を数字として表示させる回路を作ります.

● セグメントLED駆動信号生成ロジック

回路は図8を参照してください．7セグメント・デコーダ74248を使って，4ビットの数値を各7セグメントLEDの駆動信号に変換します．セグメントLEDを点灯させるHレベル信号は，CPLDから出力します．使わないブランキング端子とランプ・テスト端子は，電源のV_{DD}にプルアップします．

● けた表示用データ生成ロジック

回路は**図8**を参照してください．**図13**に示すように，カウンタとデコーダを使って，一定間隔で順番に，8けたドライブ信号を1つずつHレベルにします．

4ビット・カウンタ・ロジック 74160で，0から7までの表示器の駆動を繰り返します．つまり8進カウンタです．カウント値が'0111' になったら，LDパルスを生成して次のクロック入力で'0000' を読み込みます．

次に，3-8デコーダ・ロジック 74138で，3ビットのバイナリ（QA，QB，QC）を8本の出力に振り分けます．これで，クロック・パルス（Clock）が入るたびに，けたドライブが1つずつ順番に駆動されます．74138の出力は，Lレベルがアクティブ（有効な）信号なので，インバータで反転させて，CPLDの出力端子に接続します．カウンタの出力（QA，QB，QC）は，各けたに表示する数値を選ぶ8-1セレクタとしても利用します．

各けたに表示する値は，**図8**に示すDラッチ・ロジックの出力に用意されています．これらの信号を8-1セレクタ 74151を介し

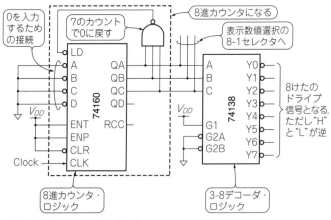

図13 けた表示用データ生成ロジック

200

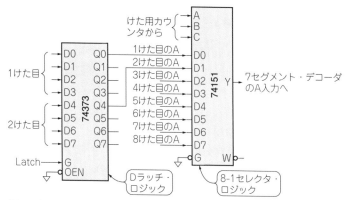

図14 各けたLEDに表示する数字を選ぶロジック

て，7セグメント・デコーダ 74248のA，B，C，Dの4つの入力
に接続します．

　図14に，各けたLEDに表示する数字を選ぶロジックを示しま
す．Dラッチ・ロジック74373と8-1セレクタ・ロジック74151を
接続します．けた用カウンタ74160の出力が '000' のときに，1け
た目の1ビット目(A)が選ばれてYに出力されます．'001' のとき
は，2けた目の1ビット目(A)が選ばれてYに出力されます．

　出力Yを7セグメント・デコーダ74248のA入力に接続すると，
けたごとの表示数値が7セグメント・デコーダに出力されます．
これらを4組構成します．

　図8では，Dラッチ・ロジックと8-1セレクタ・ロジックの配
線は描かれていませんが，同じ信号名同士は接続されるルールに
なっています．ロジック回路の規模が大きくなると配線が増しま
すが，このように規則的に並んでいるときは信号名だけで接続関
係を表現するとすっきりした回路図になります．

■ 内部ロジック回路③ タイミング制御信号生成ロジック

1秒パルス信号，Clear信号，Latch信号，けた用Clock信号を生成するタイミング制御ロジックを作ります．回路は**図8**を参照してください．

● 1秒パルス信号の生成

リアルタイム・クロックIC（32.768 kHz）をバイナリ・カウンタ74393でカウントダウンすれば，正確な1秒パルス信号が生成できます．**図15**に示すように，4ビット・バイナリ・カウンタを2組内蔵する74393を2個使って，16ビット・バイナリ・カウンタを構成します．2個目の74393のQ2D端子から出てくる周期0.5秒のパルス信号を，周波数カウントの1秒ゲート信号（Gate）に使います．

● Clock信号の生成

カウントダウン途中の1.024 kHzをけたドライブのクロック信号（Clock）に使います．点灯表示の周期は128 Hz（＝1.024 kHz÷

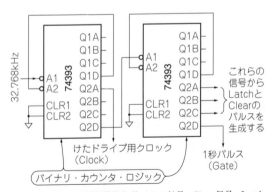

図15 タイミング制御信号（1秒パルス信号，Clear信号，Latch信号，けた用Clock信号）**を生成するロジック**

202

8)です。人の眼はこのスピードについていけず，8個のLED表示器がすべて点灯しているように見えます。この周期は1段目の74393の出力の取り出し方を変えると，2倍ずつ変えられます。

● Clear信号とLatch信号の生成

　図16に示すように，Clear信号とLatch信号は，1秒パルスがLレベルで，かつカウント値が7以下の期間に出力します。Q2A～Q2Dの4ビット信号から，Clock信号が2のときLatch信号が，6のときClear信号が1パルス生成されるように，インバータ・ゲートとANDゲートでロジックを構成します。

ロジック回路の合成と端子の割り付け

　パソコンでCPLDの内部ロジックを作ったら，論理の分析と合成を行います。エラーが出たら，配線ミスなどを修正して分析と合成をやり直します。エラーが出なくなったら，開発ツールQuartus Prime Lite上でPin Plannerを起動し，基板の回路図（図2）を見ながら端子を割り付けます。

　図17に，端子を割り付けた結果を示します。周波数の入力ピンはシュミット・トリガ特性に設定したほうが，カウント・ミスが減るでしょう。残りの端子は，標準のままで問題ありません。CLK入力ピンを使う必要もありません。

回路の書き込みと動作テスト

● コンパイルと回路のダウンロード

　コンパイルを実行してエラーがなければ，ベース基板のピン・ヘッダ・ソケットにCPLD搭載基板を取り付けて，ロジック回路を書き込みます。1番端子に注目して，向きを間違えないように

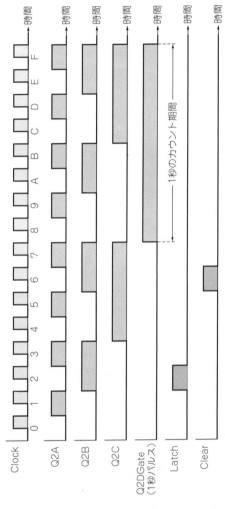

図16 1秒パルス信号、Clear信号、Latch信号のタイミング・チャート

Node Name	Direction	Location	I/O Bank	Fitter Location	I/O Standard
in 32768Hz	Input	PIN_29	1	PIN_29	3.3-V LVTTL
out a	Output	PIN_58	2	PIN_58	3.3-V LVTTL
out b	Output	PIN_57	2	PIN_57	3.3-V LVTTL
out c	Output	PIN_56	2	PIN_56	3.3-V LVTTL
out d	Output	PIN_55	2	PIN_55	3.3-V LVTTL
out e	Output	PIN_54	2	PIN_54	3.3-V LVTTL
out f	Output	PIN_53	2	PIN_53	3.3-V LVTTL
in fin	Input	PIN_67	2	PIN_67	3.3V Schmitt Trigger Input
out g	Output	PIN_52	2	PIN_52	3.3-V LVTTL
out h	Output	PIN_51	1	PIN_51	3.3-V LVTT
out p1	Output	PIN_39	1	PIN_39	3.3-V LVT
out p2	Output	PIN_40	1	PIN_40	3.3-V LVT
out p3	Output	PIN_41	1	PIN_41	3.3-V LVTTL

この端子だけ
シュミット・
トリガとする

図17 CPLDの端子と機能の関係

しましょう.

次に，ACアダプタをつないで，電源を供給します．CPLDや電源レギュレータが熱くなっていなければ正常です．書き込みツール（USB-Blasterまたは互換機）とパソコンをUSBで接続して，基板上（**写真1**）のJTAG端子にケーブルを接続します．

Programmerを起動して，ロジック回路を書き込みます．書き込みが完了すると基板上の4個のLEDがすべて消灯し，周波数測定が始まります．

● **周波数を測ってみよう**

図18に示すように接続します．100kHz/0.5Vの矩形波信号をファンクション・ジェネレータで生成して，製作した周波数カウンタに入力してみてください．"00100000"と表示されたら正常です．±1Hzずれることはあります．

入力信号を正弦波にしたとき，下2けたあたりに値が表示されている場合があります．広帯域入力アンプのゲイン不足のため，正弦波の途中で無駄なカウントが行われているからです．広帯域

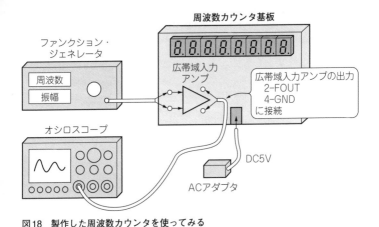

図18　製作した周波数カウンタを使ってみる

入力アンプの出力にオシロスコープを接続して，出力波形を確認する必要があります．

　OPアンプを差し替えてみて，波形と動作を確認します．特に，波形の下側の電圧と，波形が極端に崩れていないかをチェックします．

　高い周波数までゲインが低下しない広帯域OPアンプを使えば，ファンクション・ジェネレータの出力周波数を20 MHz以上にしても，正確にカウントしてくれます．本器では，AD8042が最良でした．0.4 V以上の入力であれば，余裕で20 MHzまでカウントできました．入力信号レベルを3 Vまで上げても，カウント値に変化はありませんでした．

コラム　8桁周波数カウンタ基板キット頒布のご案内

　本章で紹介した，8桁周波数カウンタの基板と部品をセットにしたキットをご用意しています．プリント基板の製作や部品集めの工程を省きたい方は，こちらをご利用いただけます．基板へのCPLDのはんだ付けは済んでいますが，その他の部品のはんだ付けは必要です．

　CQ出版社のWebショップでお求めいただけます．

MAX V周波数カウンタ［組立キット］
MAX5-TG3 価格9,900円（税込）

https://shop.cqpub.co.jp/hanbai/books/I/I000331.htm

第8章 　視認性が良く高精度

ミニチュア蛍光表示管 フルディジタル時計の製作

　本章では，CPLD MAX Vとドライバを組み合わせて，蛍光表示管を利用したフルディジタル時計(**写真1**)を製作します．

　蛍光表示管(VFD：Vacuum Fluorescent Display)は，LCDよりも明るく発光し，明暗のはっきりとした表示を行うデバイスです．現在でも車のメータや電子看板などに使われています．

　この時計の中身をTTL(Transistor Transistor Logic)で構成すると，配線が非常に混み合ってしまいます．しかし，TTLをCPLDに置き換えたら，この配線がすっきりします．

　蛍光表示管の駆動電圧は18V程度と高いですが，ドライバを介

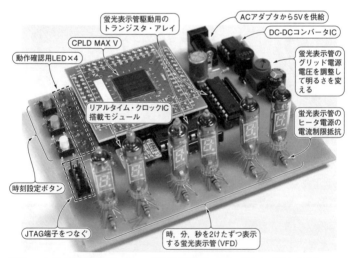

写真1　本章で製作するミニチュア蛍光表示管製フルディジタル時計の全体像
ノスタルジックな表示を楽しめる

すればCPLDでも制御できます.

本器は有償のキットを用意しています. 入手先などの詳細は,章末のコラムをご覧ください.

本器の概要

● 仕様と全体構成

本章で製作する, 蛍光表示管(VFD：Vacuum Fluorescent Display)を使ったフルディジタル時計の仕様を表1に, 全体構成を図1に示します.

表示は, 時, 分, 秒をそれぞれ2けたをダイナミック制御で行います. 表示の制御は, CPLD内の回路で行います.

時刻カウントは, CPLDの内部回路ですべて実行します. 時刻設定は, 時, 分, 秒それぞれ独立にスイッチでカウント・アップして行う方式とします.

電源は, DC5VのACアダプタから電圧レギュレータで3.3Vと1.8Vを生成してCPLDに供給します. 蛍光表示管の駆動電源(18V)は, 5V電源から昇圧型のDC-DCコンバータを使って生成します. 標準の駆動電圧は18V程度ですが, 明るさを調整できるように, 13〜25Vの範囲で可変できるようにしました. 蛍光表示管のヒータ電源は, 3.3Vから供給します.

表1 蛍光表示管製フルディジタル時計の仕様

項　目	目標仕様	備　考
表示	時, 分, 秒各2けた	－
	蛍光表示管を使用	スキャン駆動
時刻カウント	24時間表示	精度は月差30秒以下
電源	DC5Vアダプタから供給	－
	DC-DCコンバータで蛍光表示管駆動電源を生成	電圧可変とする(13〜25V)

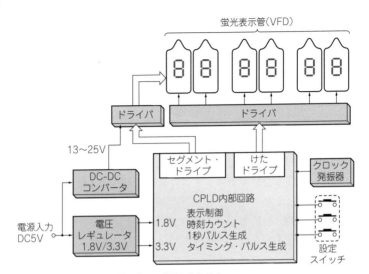

図1 蛍光表示管製フルディジタル時計の全体構成
表示や時刻カウントなどの制御はすべてCPLDの内部回路で行う

蛍光表示管は，駆動電圧が高いので，CPLDから直接制御できません．CPLDと蛍光表示管の間にドライバを挿入して駆動します．

● ミニチュア蛍光表示管

写真2に示す蛍光表示管「LD8035E」は，真空管の一種でセグメント式で数値を表示するデバイスです．薄い青色で，なかなか趣のある表示をしてくれます．この蛍光表示管は，ひと昔前の電卓に使われていたタイプですが，現在でも安価に入手可能です．

LD8035Eの仕様は，**表2**，**図2**のとおりです．内部の動作は次のとおりです．

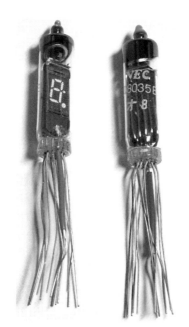

写真2　今回使うミニチュア蛍光表示管
LD8035E

表2　蛍光表示管LD8035Eの仕様

項目		内容
型名		LD8035E
メーカ名		日本電気
電源	ヒータ	0.8V/26mA
	グリッド	12V/0.85mA（最大24V）
	アノード	12V/75μA（セグメントに相当）
入手先		共立エレショップ，若松通商ほか

① カソードをグラウンドにし，ヒータに電圧を加えると発
　熱し，真空管と同じように熱電子が放出される
② グリッドに電圧を加えると電子が引き寄せられ，グリッ

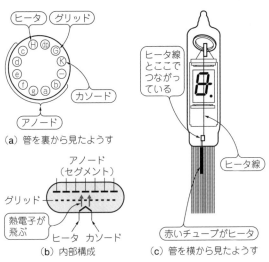

(a) 管を裏から見たようす

(b) 内部構成

(c) 管を横から見たようす

図2 蛍光表示管LD8035Eの構造

ドを通過してアノードと呼ばれるセグメントに向かって
飛んでいく

③ セグメントとなる各アノードにグリッドと同じ電圧を加
えると，そこに電子が引き寄せられ，蛍光体にぶつかっ
て発光する

　このように動作するので，グリッドに加える電圧を切り替えれば，
消灯と点灯が行えます．点灯と消灯を高速に繰り返せば，ダイナ
ミック点灯制御も可能です．

　グリッドに加える電圧の仕様は12Vですが，高くするとより明
るく光ります．ダイナミック点灯の場合は明るさが下がるので，
適当な明るさに調整できるよう，グリッド電圧を可変できるよう
にしておきます．

■ 設計前の検討

● 蛍光表示管の駆動方法

▶電源供給

蛍光表示管は，ヒータ電源とセグメント，グリッドを制御して駆動します．ヒータ電源は，一定の電流を常時流すだけで良いので，3.3 V電源を使います．仕様では0.8 V/26 mAなので，3.3 V電源を使ったときの電流制限抵抗の値は次のように計算できます．

$$(3.3\,\mathrm{V} - 0.8\,\mathrm{V}) \div 26\,\mathrm{mA} \fallingdotseq 100\,\Omega$$

ヒータ線に100 Ωの抵抗を介して3.3 V電源を接続し，電流を制限します．電流制限抵抗の消費電力は，次のとおりです．

$$2.5\,\mathrm{V} \times 25\,\mathrm{mA} = 62.5\,\mathrm{mW}$$

ここでは，発熱を考慮して，1/4 Wタイプの抵抗器を使います．

▶制御方法

ダイナミック点灯制御は，**図3**のような接続構成で行います．けたの駆動は，CPLDから一定周期で1けたずつ順番にONするように，けた駆動ピンにHレベル信号を出力します．この信号により，けたドライバ経由で蛍光表示管のグリッドに駆動電源V_Hを加えます．けたドライバには，TBD62783Aを使います．TBD62783Aは，ソース・タイプなので，入力はHレベルになると対応する出力ピンにV_Hが出力されます．

けたに合わせて，CPLDから表示すべき数値のセグメント・データをセグメント駆動ピンに出力します．セグメントのドライバにも，TBD62783Aを使います．グリッドのときと同様に，入力

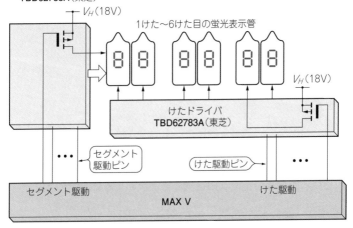

図3　蛍光表示管駆動回路のブロック
ドライバを介してCPLDから蛍光表示管を制御する

はHレベルになると対応する出力ピンに V_H が出力されるので，アノードに V_H が加えられて対応するセグメントが点灯します．

　この動作を一定周期で繰り返すことで，ダイナミック点灯制御が実行されます．

● **クロック源**

　今回製作する蛍光表示管フルディジタル時計の精度は，クロック源の発振器で決まります．クロック源は，製作編第7章で使ったものと同じ，リアルタイム・クロックIC RX8900を使います．仕様では，月差±9秒と高精度です．使用環境によって周波数はわずかに変動しますが，それでも月差±30秒の精度は保てます．

● 電源回路

▶全体構成

　図4に，本器の電源構成を示します．本器の電源は，CPLD用の3.3Vと1.8V以外に，蛍光表示管のヒータ，グリッド用の電源を用意します．

　ヒータ電源は3.3Vなので，25mA×6けた＝150mAの電流と，CPLD用の電流を確保できれば，電圧レギュレータで問題ありません．本稿では，ヒータとCPLDの共通電源として，定格1AのMCP1826Sを使います．

▶グリッド用電源を供給するDC-DCコンバータ

　グリッド用の電源は，DC-DCコンバータを使って，12V以上で最大25Vまで可変できるようにします．DC-DCコンバータに使うICは，DIPパッケージが用意されていて安価で入手しやすい，NJM2360を選びました．NJM2360の仕様を**表3**に，内部ブロックを**図5**にそれぞれ示します．

　DC-DCコンバータの回路は，NJM2360のデータシートを参考にして**図6**のようにしました．入力は5Vとし，出力電圧は可変抵抗VR_1で13.75～25Vの範囲に調整できるようにしました．R_{21}は

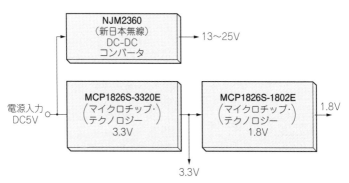

図4　蛍光表示管製フルディジタル時計の電源回路のブロック図
グリッド用電源(13～25V)はDC-DCコンバータで供給する

表3 DC-DC コンバータIC NJM2360 の仕様

項　目	内　容
型名	NJM2360
メーカ名	新日本無線
入力電圧	2.5～40V
出力電圧	1.25～40V
出力電流	最大1.5A
発振周波数	100Hz～100kHz
ドロップ電圧	250m～400mV
リファレンス電圧	1.25V ± 2%
許容電力	875mW
パッケージ	8ピンDIP

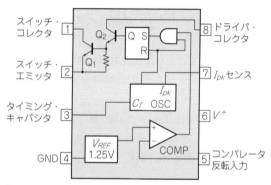

図5 DC-DC コンバータIC NJM2360 の内部ブロック

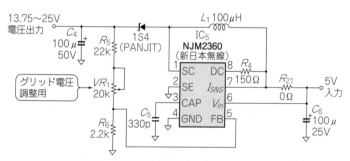

図6 蛍光表示管のグリッド用電源を供給するDC-DC コンバータの回路

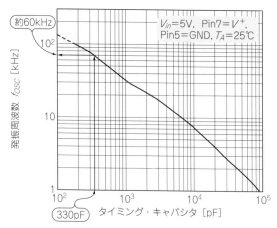

図7 DC-DCコンバータの発振周波数はタイミング・キャパシタの容量によって設定する
今回は330pFのコンデンサを用いて60kHzに設定した

電流制限抵抗です. 0.3Ωで1Aになりますが, 本稿では省略しました.

スイッチング周波数は, 最高100kHzまで設定できます. 周波数が高いほうがコイルを小さくできるので, ここでは**図7**のようにスイッチング・キャパシタを330pFにして, 約60kHzのスイッチング周波数としました. これで, L_1のコイルは, 100μHでも十分です. 平滑用のコンデンサC_4は, 余裕を見て100μF/50Vとしました.

● **時刻の設定法**

本器の時刻設定は, 次のように行います.

① 「時」と「分」は, それぞれ独立のスイッチで設定する. スイッチを押している間, 4Hzのパルスをカウンタのクロック端子に入力する. これでスイッチを押している間に

カウントが進む

② 「秒」スイッチを押したときは，00秒にする．スイッチ入力で秒のカウンタのクリア端子にスイッチ入力信号を入力する．これで現在時刻が00秒になったときにスイッチを離せば，時刻同期が取れるようになる

　時刻設定のためのスイッチは，3個用意すればよいことになります．

■ 回路設計

● 全体構成

　図8に，本器の全体回路を示します．左上側にある3個のスイッチは，時，分，秒の設定用です．4個のLEDは，デバッグ用で実際には使いません．CPLDの回路作成途中で信号の確認に使います．

● 蛍光表示管のちらつき対策回路

　蛍光表示管のダイナミック点灯制御を行ううえで，問題があります．けたがONからOFFになったとき，蛍光表示管のピンに付随する容量成分が大きいので，表示がすぐ消えずに残ってしまうことです．これで次のけたに移るとき，表示の一部が残りちらついてしまいます．

　これを避けるため，RM_1とRM_2の抵抗アレイで，各ラインをグラウンドにプルダウンすることで，容量成分に残っている電荷を放電し，表示がすぐ消えるようにしています．

● CPLD初期状態の発熱対策回路

　問題はもう1つあります．CPLDに回路が何も書かれていない初期状態で出力がトライステートになっているとき，全けたが表

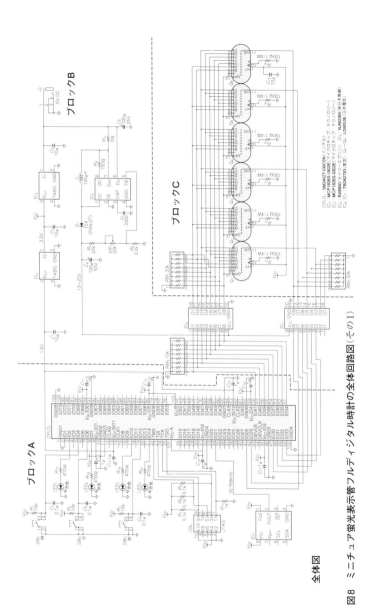

図8 ミニチュア蛍光表示管フルディジタル時計の全体回路図（その1）

219

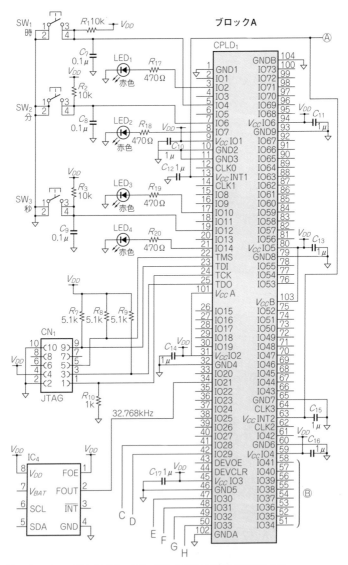

図8 ミニチュア蛍光表示管フルディジタル時計の全体回路図(その2)

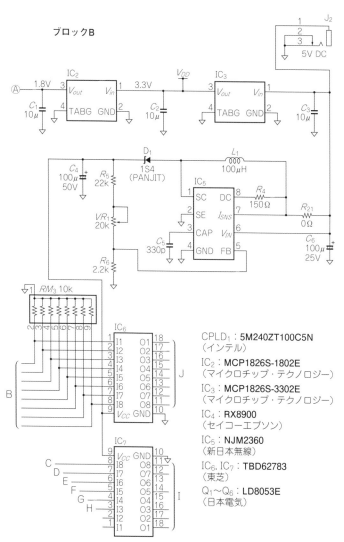

図8　ミニチュア蛍光表示管フルディジタル時計の全体回路図（その3）

221

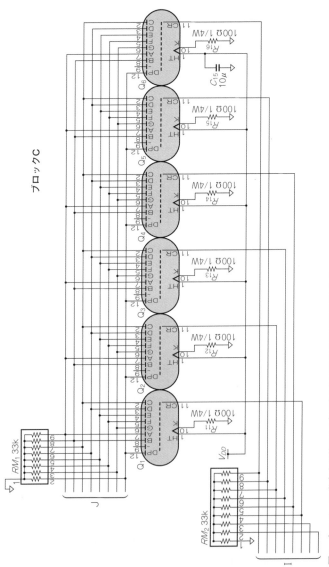

図8 ミニチュア蛍光表示管フルディジタル時計の全体回路図（その4）

示状態になってDC-DCコンバータの電流が増え，発熱してしまうことです．これを避ける目的で，RM_3の抵抗アレイでトライステートの出力をグラウンドにプルダウンしています．

■ 基板製作

本器の基板も，EAGLEを使ってプリント基板を自作します．EAGLEで使える本器の基板データを用意しています．詳細は，巻末の付録（p. 242）をご覧ください．

部品配置図を図9に，部品表を表4に示します．部品配置図の太い線は，ジャンパ線を表します．レギュレータICとチップ・コンデンサは表面実装部品なので，はんだ付け面に実装します．

組み立て手順は次のようにすると進めやすいでしょう．

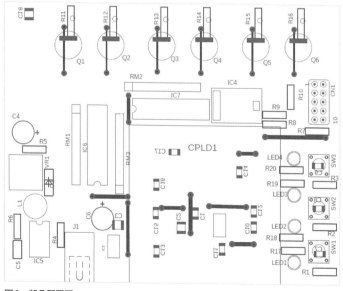

図9　部品配置図
この図を参考に部品をはんだ付けする

表4　ミニチュア蛍光表示管フルディジタル時計の部品表

型番	種別	型番/メーカ	数量
$CPLD_1$	CPLD	MAX V　5M240ZT100C5N（変換基板に実装）	1
IC_2	電圧レギュレータ	MCP1826S-1802E/DB	1
IC_3		MCP1826S-3302E/DB	1
IC_4	リアルタイム・クロック	RX8900 DIP化モジュール（秋月電子通商）	1
IC_5	DC-DCコンバータ	NJM2360AD	1
IC_6, IC_7	ドライバ	TBD62783APG	2
D_1	ダイオード	1S4	1
L_1	コイル	$100\,\mu$H 0.79 A LHL08NB101K	1
$Q_1 \sim Q_6$	蛍光表示管	LD8035E（若松通商）	6
$LED_1 \sim LED_4$	発光ダイオード	赤 OSR5JA3Z74A	4
VR_1	可変抵抗	$20\,\mathrm{k}\Omega$ TSR3386K-EY5-103TR	1
$R_1 \sim R_3$	抵抗	$10\,\mathrm{k}\Omega$ 1/6 W	3
R_4		$150\,\Omega$ 1/6 W	1
R_5		$22\,\mathrm{k}\Omega$ 1/6 W	1
R_6		$2.2\,\mathrm{k}\Omega$ 1/6 W	1
$R_7 \sim R_9$		$5.1\,\mathrm{k}\Omega$ 1/6 W	3
R_{10}		$1\,\mathrm{k}\Omega$ 1/6 W	1
$R_{11} \sim R_{16}$		$100\,\Omega$ 1/4 W	6
$R_{17} \sim R_{20}$		$470\,\Omega$ 1/6 W	4
R_{21}		$0.3\,\Omega$ 1/4 W またはジャンパ	1
RM_1, RM_2	抵抗アレイ	$33\,\mathrm{k}\Omega \times 8$	2
RM_3		$10\,\mathrm{k}\Omega \times 8$	1
$C_1 \sim C_3$, C_{18}	チップ・コンデンサ	10uF 25V 3225/3216サイズ	4
$C_7 \sim C_9$		$0.1\,\mu$F 50V 2012サイズ	3
$C_{10} \sim C_{17}$		$1\,\mu$F 16V or 25V 2012サイズ	7
C_4	電解コンデンサ	$100\,\mu$F 50V	1
C_6		$100\,\mu$F 25V	1
C_5	セラミック	330pF	1
$SW_1 \sim SW_3$	タクト・スイッチ	小型基板用	3
	ICソケット	8ピン	1
		18ピン	2
	ヘッダ・ソケット	13×2列 丸ピン・ヘッダ・ソケット 40×2列を切断して使う（サトー電機）	4
	ヘッダ・ピン	13×2列 丸ピン・ヘッダ 40×2列を切断して使う（サトー電機）	4
CN_1	ヘッダ・ピン	角型ヘッダ 5×2列	1
J_1	DCジャック	2.1mm 標準ジャック	1
	基板	P12K 感光基板	
	変換基板	100ピン TQFP　AE-QFP100PR5-DIP	1
ゴム足		透明ゴム・クッション	4

① 表面実装部品をはんだ面に実装する

② 部品面にジャンパ線を配線する

③ 抵抗をはんだ付けする

④ ICソケットとヘッダ・ソケットの対角の2ピンだけはんだ付けして仮固定する

⑤ 残りの部品は背の低い順に実装する

⑥ ICソケットなどの全ピンをはんだ付けする

⑦ 蛍光表示管を最後に実装する

　蛍光表示管はヒータのリード線に赤いビニールが通されていますが，長いのでビニールを1/3程度の長さに切断します．このときビニールを外すとピンを見失うので，目印として曲げるなどの対策をしておきます．

　ピンが長く基板の穴に入れにくいので，ピンセットでリード線を曲げながら1ピンずつ挿入します．数字表示の向きが正面を向くようにします．これを6本実装したら完了です．

　組み立てが完了した基板を**写真3**と**写真4**に示します．変換基板に実装したCPLDは，丸ピンのヘッダ・ピン・ソケットに差し込むため，容易に着脱ができます．

● 基板単体のテスト

　基板の組み立てが完了したら，CPLDは実装せずにACアダプタを接続してみます．手で触って熱くなっている部品がないかどうかをチェックします．万一熱くなっている部品があったら，すぐACアダプタを抜きます．

　この場合は，何らかの実装間違いか，はんだ付け不良があるので念入りに調べます．特に次のような点をチェックします．

① ICなどの向きが逆になっていないか

写真3　組み立て済み基板の部品面
背の低い部品から実装していき，蛍光表示管は最後に実装する

② はんだブリッジがないか
③ 電源とGNDがショートしていないか
④ 抵抗値のけた間違いがないか

　発熱などの問題が特になければ，テスタなどで電源電圧の3.3V
と1.8Vが正常に出ていることを確認します．さらにDC-DCコン
バータの出力電圧を確認し，可変抵抗で電圧が13～25Vの範囲で
可変できることを確認します．電源が異常だとCPLDを壊す可能
性があるので十分チェックしてください．

　電圧が正しく出ていれば，基板単体は完成です．

写真4 基板のはんだ付け面
丸で囲んだコンデンサとIC は表面実装部品．慎重に取り付ける

CPLDの内部回路を作る

● 全体構成

　CPLDの内部回路は，TTLブロックを使って回路図入力で設計します．**図10**に示すのは，内部回路の全体構成です．次の4つの要素で構成されます．

　① 時刻カウント部
　　時，分，秒を24時間カウンタとしてカウントする
　② 表示制御部
　　6けたの表示をサイクリックに出力して，ダイナミック点

227

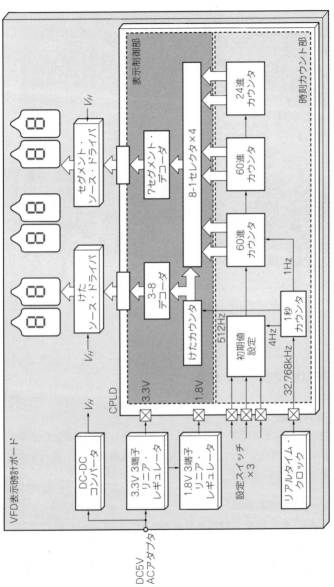

図10　蛍光表示管製フルディジタル時計を制御するCPLD内部回路の全体構成

灯制御する
③ 初期設定

3個のスイッチで時刻の設定を行う
④ 1秒カウンタ

リアルタイム・クロックICから出力される32.768 kHzを
使って，1Hz，4Hz，512Hzを生成する

　全体の動作は，リアルタイム・クロックICから出力される
32.768 kHzから1Hzを生成し，時刻カウント・パルスとして時刻
カウント部に入力します．ここで時，分，秒のカウントをします．

　それぞれのカウンタの出力が，そのまま6けた表示用になるの
で，それを8-1セレクタでけたごとに選択して，表示出力としま
す．けたの駆動は，けたカウンタで周期的に行います．これがダ
イナミック点灯の周期になります．

　時刻の初期設定はスイッチで行い，スイッチがONの間，4Hz
のパルスを「時」または「分」のカウンタに出力して，カウント・
アップします．「秒」は，スイッチONで0とします．

● 時刻カウント部の回路

　本器は，時，分，秒をカウントするので，24進カウンタと60進
カウンタで構成します．それぞれのカウンタは，同期式10進カウ
ンタを2個ずつ使って構成します．図11に示すのは，「秒」と
「分」に使う60進カウンタです．同期式10進カウンタを2個直列
に接続し，2けたでカウント・アップするようにします．

　次に，59になったとき，次のクロックで00をプリロードするよ
うにします．そのため，59という数値でHレベルを出力する
ANDゲートを構成します．上位が5，下位が9になったときに，
両方のカウンタを0にします．この信号は，「分」または「時」へ
のけた上げ信号としても使います．

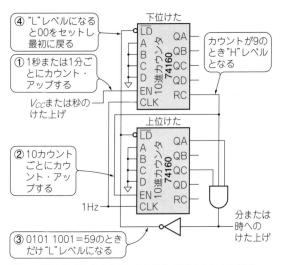

④ "L"レベルになると00をセットし最初に戻る

① 1秒または1分ごとにカウント・アップする

V_{CC}または秒のけた上げ

② 10カウントごとにカウント・アップする

1Hz→

③ 0101 1001＝59のときだけ"L"レベルになる

下位けた

LD
A
B
C
D
EN
CLK
QA
QB
QC
QD
RC

10進カウンタ 74160

カウントが9のとき"H"レベルとなる

上位けた

LD
A
B
C
D
EN
CLK
QA
QB
QC
QD
RC

10進カウンタ 74160

分または時へのけた上げ

図11 「秒」と「分」のカウントに使う60進カウンタの構成

図12に示すのは, 「時」の24進カウンタの構成です. 「分」からのけた上げでカウント・アップする2けたのカウンタで, 23という数値でHレベルを出力するANDゲートを構成します. 次の「分」からけた上げがあったとき, 0をプリロードして, 00時に戻ります. これで24時間カウンタになります.

● 時刻設定部の回路

時刻設定は,「時」と「分」はスイッチでカウント・アップさせます. 図13に示すように, 2-1セレクタを使います.

スイッチがOFFのときは, 通常動作で, けた上げ信号(LTM/LTH)によりイネーブルとなり, 1Hzのクロックで動作します.

スイッチがONのときは, 設定動作で強制的にカウンタをイネーブルとし, 4Hzをクロックとして出力します. このクロックが2回路で時, 分を設定します. 「秒」の設定は, 強制的に秒カウン

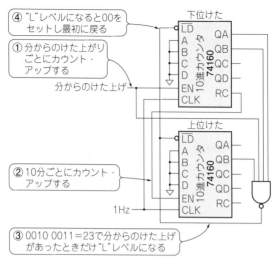

図12 「時」のカウントに使う24進カウンタの構成

④ "L"レベルになると00を
セットし最初に戻る

① 分からのけた上がり
ごとにカウント・
アップする

下位けた

分からのけた上げ

② 10分ごとにカウント・
アップする

上位けた

1Hz

③ 0010 0011＝23で分からのけた上げ
があったときだけ"L"レベルになる

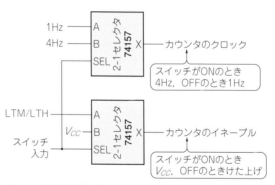

図13 時刻設定回路の構成

1Hz — A
4Hz — B
SEL

カウンタのクロック

スイッチがONのとき
4Hz，OFFのとき1Hz

LTM/LTH — A
V_{CC} — B
スイッチ
入力 — SEL

カウンタのイネーブル

スイッチがONのとき
V_{CC}，OFFのときけた上げ

タをクリアしているだけです．

図14に示すのは，CPLD内部回路の全体です．時刻カウント部
では，カウンタごとに表示用の出力として，表示制御部に接続し
ます．すべて4ビットで10進数の出力です．

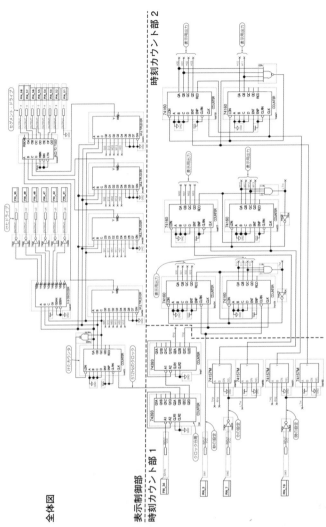

図14 ミニチュア蛍光表示管フルディジタル時計を制御する CPLD 内部回路（その1）

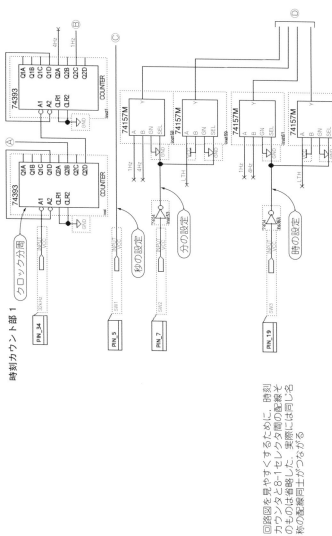

図14 ミニチュア蛍光表示管フルディジタル時計を制御するCPLD内部回路（その2）

時刻カウント部1

クロック分周

PIN_34 32kHz

秒の設定

PIN_5 SW1

分の設定

PIN_7 SW2

時の設定

PIN_19 SW3

回路図を見やすくするために，時刻
カウンタと8-1セレクタ間の配線そ
のものは省略した．実際には同じ名
称の配線同士がつながる

233

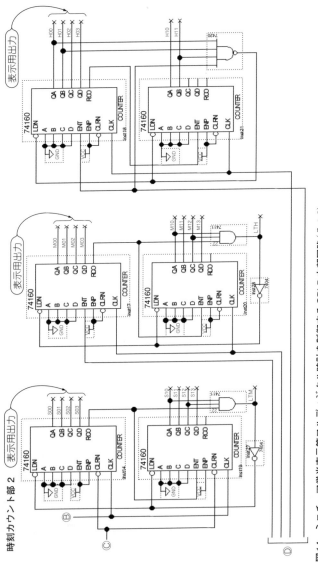

図14 ミニチュア蛍光表示管フルディジタル時計を制御する CPLD 内部回路（その3）

234

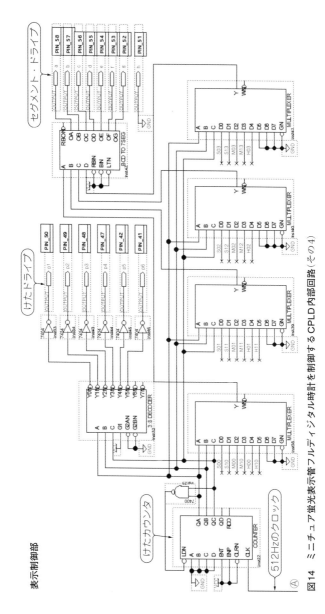

図14 ミニチュア蛍光表示管フルディジタル時計を制御するCPLD内部回路（その4）

235

● VFD表示制御回路

各カウンタから出力される6けた，4ビットの10進数カウント値を数字として表示させる回路を製作します．

4ビットの数値をVFDの7つのセグメントに変換する回路は，製作編第4章と同じように7セグメント・デコーダの74248ブロックを使います．出力は，点灯させるセグメントがHレベルとして出力されるので，これをCPLDの出力ピンに接続します．ブランキングとランプ・テストは使わないので，VDDにプルアップしておきます．

▶けた駆動信号の生成回路

けた駆動は，図15のようにカウンタとデコーダを使って，一定間隔で6けたのドライブ信号を順番に1つずつHレベルにしていきます．

10進カウンタの74160ブロックを使って，0～5までを繰り返す6進カウンタを構成します．この方法は，カウント値が0101になったとき，LDパルスを生成して次のクロック入力で0000をロードします．

次にカウンタの出力を3-8デコーダの74138ブロックで6本の出力に振り分けます．これで，3ビット・バイナリ値を6本の出力に順番に振り分けます．この回路で，クロック・パルスが入るごとに，けたドライブが1つずつ順番に駆動されます．このデコーダの出力は，Lアクティブなので，インバータで反転してからCPLDの出力ピンに接続します．カウンタのA，B，Cの出力は，各けたに表示する数値を選択するための8-1セレクタの選択信号としても使います．

▶けたごとの数値表示回路

次は，けたドライブ信号に合わせて，表示すべき数値を選択して，7セグメント・デコーダの入力に接続します．各けたの数値信号は，図16のカウンタから出力されているので，これらをドラ

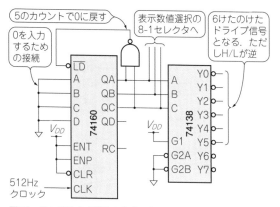

図15 けたドライブ信号の生成回路

イブするけたに合わせて、7セグメント・デコーダのA, B, C, Dの4つの入力に接続します.

8-1セレクタの74151ブロックを図16のように接続すれば、けたドライバのカウンタの出力が000のときは、秒カウンタの下位けたの1ビット目(A)が選択されて、Yに出力されます. カウンタが001のときは秒カウンタの上位けたの1ビット目(A)が選択されてYに出力されます. このYの出力を7セグメント・デコーダのA入力に接続すれば、けたごとの表示数値が出力されます. これを4組構成して4ビットの選択をします.

以上のように設計した表示制御部を含むCPLD内部回路の全体を図14に示します. 図に示すのは、ピン割り付けが完了している状態です.

これでCPLD内部回路は、すべて構成できました.

● 分析と合成，ピン割り付け

図14の全体回路を設計した状態で、分析と合成を実行します.
エラーがある場合は、該当箇所を修正して再度分析と合成を実

237

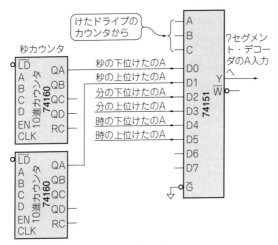

図16　けたごとの表示数値の選択回路

行します．エラーがなくなったら，Pin Plannerを起動してピン割
り付けを行います．

　ピン割り付けは，図8の基板の回路図に合わせて行います．図
17に示すのは，割り付け結果です．ピンの特性は，スイッチの入
力だけシュミット・トリガとしてカウント・ミスが少なくなるよ
うにしますが，あとは標準のままで問題ありません．

書き込みと動作確認

● コンパイルと書き込み

　コンパイルを実行して，エラーがなければ書き込みを実行でき
ます．書き込みツール（USB-Blasterまたは互換機）をパソコンと
USB接続し，基板のJTAGインターフェースにケーブルを接続し
ます．接続するときは，ピン配置を間違えないように慎重に作業
します．

　これですべての準備ができたので，Programmerを起動して書

Named: * Edit

Node Name	Direction	Location	I/O Bank	Fitter Location	I/O Standard
32kHz	Input	PIN_34	1	PIN_34	3.3-V LVTTL
a	Output	PIN_58	2	PIN_58	3.3-V LVTTL
b	Output	PIN_57	2	PIN_57	3.3-V LVTTL
c	Output	PIN_56	2	PIN_56	3.3-V LVTTL
d	Output	PIN_55	2	PIN_55	3.3-V LVTTL
e	Output	PIN_54	2	PIN_54	3.3-V LVTTL
f	Output	PIN_53	2	PIN_53	3.3-V LVTTL
g	Output	PIN_52	2	PIN_52	3.3-V LVTTL
h	Output	PIN_51	1	PIN_51	3.3-V LVTTL
p1	Output	PIN_50	1	PIN_50	3.3-V LVTTL
p2	Output	PIN_49	1	PIN_49	3.3-V LVTTL
p3	Output	PIN_48	1	PIN_48	3.3-V LVTTL
p4	Output	PIN_47	1	PIN_47	3.3-V LVTTL
p5	Output	PIN_42	1	PIN_42	3.3-V LVTTL
p6	Output	PIN_41	1	PIN_41	3.3-V LVTTL
SW1	Input	PIN_5	1	PIN_5	3.3V Schmitt Trigger Input
SW2	Input	PIN_7	1	PIN_7	3.3V Schmitt Trigger Input
SW3	Input	PIN_19	1	PIN_19	3.3V Schmitt Trigger Input
<<new node>>					

図17　蛍光表示管製フルディジタル時計を制御するCPLDのピン割り付け結果

き込みを実行します．書き込みが完了すると，VFDが点灯して，00時00分00秒からカウントを開始します．

● 動作確認

製作が完了したら，動作を確認します(**写真5**)．最初に，蛍光表示管の明るさをチェックします．可変抵抗を回すと，明るさが変わることを確認します．最小の電圧設定でも，十分な明るさで点灯するはずです．明るさにばらつきがあるときは，蛍光表示管単体の問題なので，ヒータ電流を調整して合わせるしかありません．ヒータに直列に挿入されている100Ωの電流制限抵抗を変更して明るさを調整します．

次に，時刻を設定します．現在時刻に合わせた後，そのままでしばらく動作させて，大きな狂いがないようであれば正常に動作しています．数日間連続で動作させて，時刻のずれを確認してみましょう．

写真5 完成したミニチュア蛍光表示管フルディジタル時計

コラム　ミニチュア蛍光表示管フルディジタル時計
　　　　　　　　　　基板キット頒布のご案内

　本章で紹介した，ミニチュア蛍光表示管フルディジタル時計の
基板と部品をセットにしたキットをご用意しています．基板の製
作や部品集めの工程を省いて，本章の内容をを再現したい方は，
こちらをご利用ください．基板へCPLDをはんだ付けしてありま
すが，その他の部品は，はんだ付けが必要です．

　CQ出版社のWebショップでお求めいただけます．

新人教育用 MAX V VFD時計［組立キット］
MAX5-TG4 価格9,900円（税込）

https://shop.cqpub.co.jp/hanbai/books/I/I000332.htm

付 録
各種データのダウンロード

　本書に掲載した記事の基板CADデータやプログラムなどは，次のURLよりダウンロードしていただけます．

https://shop.cqpub.co.jp/hanbai/books/50/50471.html

　「■ ダウンロード・データ(zipファイル)」をクリックするとzip形式のファイル「74logic.zip」がダウンロードできます．ダウンロードしたファイルを展開してお使いください

　本書の記事で使うソフトウェアは，次のURLより各自でダウンロードして，パソコンにインストールしてお使いください．

CPLD開発ツール
intel「Quartus Prime」ライト・ディション
https://www.intel.co.jp/content/www/jp/ja/software/
programmable/quartus-prime/download.html

基板CADソフトウェア
AUTODESK「EAGLE」無償ダウンロード版
https://www.autodesk.co.jp/products/eagle/overview?plc=
F360&term=1-YEAR&support=ADVANCED&quantity=1

索　引

著者略歴

後閑 哲也(ごかん てつや)
1971年　東北大学卒業
大手通信機メーカにて各種の制御装置開発に従事.
マイコンが世の中に始めたときから，これを組み込んだ数多くの制御装置を開発.
2003年…有限会社マイクロチップ・デザインラボを設立

　マイコンや計測制御システムの開発コンサルタント，セミナ講師，大学非常勤講師，書籍執筆などを継続.

●**本書記載の社名，製品名について** ── 本書に記載されている社名および製品名は，一般に開発メーカーの登録商標または商標です．なお，本文中では™，®，©の各表示を明記していません．

●**本書掲載記事の利用についてのご注意** ── 本書掲載記事は著作権法により保護され，また産業財産権が確立されている場合があります．したがって，記事として掲載された技術情報をもとに製品化をするには，著作権者および産業財産権者の許可が必要です．また，掲載された技術情報を利用することにより発生した損害などに関して，CQ出版社および著作権者ならびに産業財産権者は責任を負いかねますのでご了承ください．

●**本書に関するご質問について** ── 文章，数式などの記述上の不明点についてのご質問は，必ず往復はがきか返信用封筒を同封した封書でお願いいたします．ご質問は著者に回送し直接回答していただきますので，多少時間がかかります．また，本書の記載範囲を越えるご質問には応じられませんので，ご了承ください．

●**本書の複製等について** ── 本書のコピー，スキャン，デジタル化等の無断複製は著作権法上での例外を除き禁じられています．本書を代行業者等の第三者に依頼してスキャンやデジタル化することは，たとえ個人や家庭内の利用でも認められておりません．

JCOPY〈出版者著作権管理機構 委託出版物〉
本書の全部または一部を無断で複写複製（コピー）することは，著作権法上での例外を除き，禁じられています．
本書からの複製を希望される場合は，出版者著作権管理機構（TEL：03-5244-5088）にご連絡ください．

CQ文庫シリーズ
74シリーズでロジック回路を現代風に学ぶ

CPLDでディジタル電子工作

2021年4月15日　初版発行　　　　　　　　　　　　　© 後閑 哲也 2021

著　者　後閑　哲也
発行人　小澤　拓治
発行所　CQ出版株式会社
東京都文京区千石4-29-14（〒112-8619）
電話　出版　03-5395-2123
　　　販売　03-5395-2141

編集担当　沖田　康紀
マンガ　神崎　真理子
カバー・表紙デザイン　株式会社ナカヤデザイン
DTP　美研プリンティング株式会社
印刷・製本　三共グラフィック株式会社
乱丁・落丁本はご面倒でも小社宛お送りください．送料小社負担にてお取り替えいたします．
定価はカバーに表示してあります．
ISBN978-4-7898-5047-6
Printed in Japan